物理、化學
關鍵字典

幫助職場人高效通透的120條
公式、科學定律與法則

沢信行
Nobuyuki Sawa

楓葉社

# 序言

應該不少人都曾有過「為什麼一定要讀書考試？」的念頭，在日本，大多數的人都是透過考試升學。

考試要讀各式各樣的科目，當中不乏艱澀難懂的科目。物理與化學更是許多人會覺得特別「困難」、「搞不懂」的科目吧。回想一下學生時期的考試生活，應該不少人都有「其實內容也沒有完全搞懂，但就這樣結束了」的感覺。

考試，是要測試考生對於思考學習的能力程度。理化考題可說是確認程度的最佳教材。

然而，必須考物理及化學（或者應該說是在高中學的理化）最關鍵的理由，也是因為理化能帶來許多直接的幫助。我們所生活的周遭環境其實是靠物理及化學智慧建構出來的。如果理化沒有發展，應該就無法造就出今日的便利生活。無論是我們有注意到，還是沒注意到的地方，都可見理化帶來的幫助。

對於工作必須直接運用理化知識的讀者而言，理化的幫助更是毋庸置疑，甚至會深刻體認到這些知識的必要性。

話雖如此，應該很難有社會人士能空出時間，從頭到尾仔細複習課本的吧。從現實面來說，我們無法在忙碌的日子裡找時間做這些事。

對此，本書將整理出理化要點加以解說。針對工作用到的部分更會仔細說明。只要運用本書，將會比複習課本更有效率地回想起在學校學過的理化內容。另外，書中也會針對較艱澀的內容詳細解說，所以讀者們能夠過重新學習，深入掌握當年就學時一知半解的部分。

與其對理化一知半解，不如確實掌握其中的知識，因為這些知識絕對能運用在

工作上。書中也會具體提到哪些地方能看見理化的影子及其可用性。

本書對於不需要直接運用理化知識的讀者也很有幫助。因為讀了本書後，各位就會發現，原來在很多情況下我們都深受物理所帶來的恩惠，甚至加以活用。

這裡舉個例子好了，當今電腦技術的發展相當輝煌，有時只需要透過智慧型手機，就能完成許多事情。不過，這在十年前可是想都沒想過的情境。

如果我們除了懂得該怎麼使用手機外，更進一步了解這些功能是以怎樣的機制運作，說不定就能對使用上帶來幫助，更厲害的話，或許還能開發出龐大商機。具備正確知識，才能孕育出嶄新的發現。

另外，這本書也特別針對考試會聚焦的重點加以整理說明，希望準備大學考試的讀者也能多加翻閱。

本書是以能讓許多人拿起閱讀為前提編輯而成。也期待讀者們能透過本書，理解理化的整體內容。

2021年9月　沢 信行

目次

Chapter 01 物理篇　力學、熱力學　001

Introduction

Chapter
02 物理篇　波動 **059**

Introduction

聲音和光線都屬於波動 ⸺⸺⸺⸺⸺ 060

Chapter 03　物理篇　電磁學 —————————————— 091

Introduction

沒學過數學的法拉第 ————————————————————— 092

Chapter
04 物理篇　量子力學   129

Introduction

Chapter 05　化學篇　理論化學　147

Chapter
06　化學篇　無機化學　　　　　219

Introduction

Chapter
07
化學篇　有機化學　　　　　　　　　253

Introduction

本書的特點和使用方法

何謂理化？

本書目的在於「讓讀者學會運用理化」。

我們要靠物理及化學，才能解開居住世界中的謎團。理化有時會探討遙不可及的外太空究竟是什麼模樣，有時也會探索肉眼不可見的微小世界。無論是宏觀還是微觀，理化在解開謎團的過程中，都維持著一貫原則。

物理的基礎是**力學**。從力學角度出發，可以延伸思考熱力學、波動、電磁學、量子力學。所謂力學，就是思考詞語中「力」這個字究竟是什麼的學問。力是什麼？力可以分成哪些種類，又分別有何特徵差異？以及力會對物體帶來怎樣的影響？我們在高中物理課都曾仔細學過這些內容。

如果不存在力，我們將無法生活。無論是拿、壓、搬運，少了力，就做不出這些動作。還有，如果不存在摩擦，走路時也會無法前進，所以要多虧摩擦力這股力，我們才有辦法向前行。如果完全不存在摩擦，我們也會無法握住鉛筆。這只是其中一個例子，但已可知道，多虧了力的存在，我們才能生活，若要說我們的生活全靠力建構出來可是一點也不為過。

另一方面，化學這門學問能讓我們知道**生活周遭物質由哪些成分組成**。所謂成分，講白了就是指原子、分子這些構成物質的微粒子。掌握這些微粒子的特性後，才有辦法了解該物質具備的特性從何而生，甚至改變這些特性。

而上述內容必須建構在理論化學之上，針對物質是如何產生本身具備的特性，深入探討其中道理，這也是高中化學最初學習的環節。後半階段則會學習無機化學、有機化學與高分子化學，當中會介紹許多具體的物質。想要彙整並理解這些內容，就必須先掌握理論化學。

學習時的注意事項

　　書中提到的都是高中理化的概要，但對於大多數的高中生來說，無論物理，還是化學都是會讓人感到「很難」的學問。相信不少社會人士也有這樣的想法。

　　不過，基礎理論其實內容不多，剛開始或許會覺得艱澀難懂，但只要靜下心來，一個個仔細了解，接下來的學習就會很順利。而這也是物理化學具備的特性。如果因為要學的東西很多，針對理論抱持著馬虎心態，那麼對於後續內容的理解也會一知半解。**靜下心來好好學習，才是接觸高中物理及化學過程中最重要的關鍵。**

無論社會人士還是考生都能受益

　　理化是製造各種產品時會運用到的基礎。不去探究箇中基礎，卻想開發出更好的產品更是難上加難，唯有深入探究，才有機會與偶然的產物相遇。

　　由此來看，複習高中理化對大多數的社會人士而言，可是非常有幫助的。另外，在參加各種檢定之際，掌握高中物理化學一定也會對考試帶來助益。

　　對準備上大學的考生來說，理化的重要性當然無須多言。

本書的使用方法

本書的使用方法如下所示。讀者們可以先參考星星的數量和概要，第一步先從大致掌握項目內容為主，而不是直接深入細節。

各位當然也可以像使用字典一樣，針對想查詢的項目深入仔細地閱讀，但還是建議讀者能先從頭到尾瀏覽一遍，先掌握物理與化學的全貌。

用★來表示這個項目的重要性。
意思請參照下一頁。

表示項目的概要。
說明與其他項目的關聯性和重要性，請先從這裡開始閱讀。

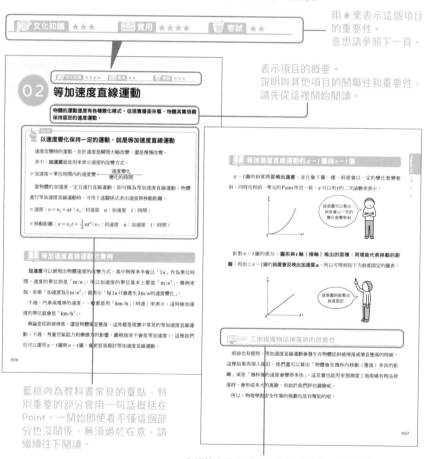

藍框內為教科書常見的重點，特別重要的部分會用一句話概括在Point。一開始即使看不懂這個部分也沒關係，無須過於在意，請繼續往下閱讀。

介紹結合了本項目的實例或觀念，可以藉此熟悉運用理化的「感覺」。

本書各節說明的項目，會以「文化知識」、「實用」、「考試」三個指標來表示該項目的重要性。各個指標與★數所代表的意思如下。

「文化知識」的設想目標

- 從事製造業擔任管理職的讀者；高中唸文組，對於理化雖然沒有學得很透徹，但想了解最基本知識的讀者。

  ★★★★★　　　非常重要的項目，務必充分理解

  ★★★★　　　　重要項目，須大致理解

  ★★★　　　　　可以不用深入細節，但要有基本的掌握

  ★★　　　　　　情況允許的話，可以稍微了解涵義

  ★　　　　　　　以「文化知識」層面來說無須了解的知識

「實用」的設想目標

- 於電氣、資訊、機械、建築、化學、生物、藥品等領域擔任設計開發職務的讀者；實際參與產品製造的讀者。

  ★★★★★　　　日常工作會使用，務必充分理解

  ★★★★　　　　工作上經常使用，須大致理解

  ★★★　　　　　工作上可能會用到，要有基本的掌握

  ★★　　　　　　工作上或許不太會用到

  ★　　　　　　　工作上工作上幾乎不會用到

「考試」的設想目標

- 準備學測或大學獨立招生，考試項目包含物理、化學的考生。

  ★★★★★　　　絕對要理解掌握

  ★★★★　　　　常見項目，須大致理解

  ★★★　　　　　可以不用深入細節，但要有基本的掌握

  ★★　　　　　　不太常出現於試題，情況允許的話可以稍微了解一下

  ★　　　　　　　大學考試不會用到的知識

Chapter 01

物理篇
力學、熱力學

物理的基本範疇

　　物理的基本當然就是力學。**力學的思維模式可以套用到所有的物理探討**，這也是為什麼高中物理課會先教授力學。本書也為了讓讀者能夠彙整出力學的重點，將內容特別列於首章。

　　力學絕大多數的內容，都是活躍於17世紀的英國人牛頓所建構出的學問。

　　牛頓在18歲時進入劍橋大學，在學校學習許多知識，充分發揮自身傑出的才能。然而，當時黑死病正從倫敦擴散到劍橋，造成大流行。在那個年代，黑死病是致死率非常高的傳染病，劍橋大學也因此封校兩年。

　　這段期間，牛頓返回到故鄉，埋頭繼續鑽研物理學和數學。據說他提出的許多物理學與數學相關論述都是在這段時期發展出來，不是在大學就學期間，而是獨自一人思索的時候。這也讓我們意識到，牛頓即便處於孤獨狀態，仍有辦法持續深入思索，才得以造就出這般成果。

　　如今，我們在邁入21世紀後，就面臨到新冠病毒造成學校停課的相似情境。可是回顧歷史，類似的窘境過去也曾出現過數次。人類就是在這樣的停擺中依然發展學問，造就今日的盛景。

　　說到這裡似乎有點離題了，總而言之，請各位先了解力學後，接續再探討熱力學。與熱有關的學問，既然被稱作「熱力學」，就表示**理解過程中需要具備力學的知識**。力學如果掌握得不夠透徹，將很難充分理解熱力學。

若要作為文化知識學習

各位不妨以運動方程式為起點，思考工作與力學能量的關係，或是動量與衝量的關係，同時還能搞懂圓周運動、簡諧運動等複雜的運動。甚至能進一步思考天體運動這類規模龐大的世界。期待各位好好品味如何透過有限的力學原理，思考各種現象的有趣之處。

對於工作上需要的人而言

機械設計等產業領域絕對需要具備力學知識。當然，建築工地也少不了力學的蹤影。

對考生而言

物理的基礎就是力學，入學試驗的考題配比也很高，如果學不會力學，就很難搞懂之後會提到的項目。

由此可知，力學是身為考生的各位必須優先學習的部分。再者，扎實的基礎絕對是學習最重要的環節，建議各位逐項耐心學習，就能熟稔其中的內容。

01 等速度直線運動

探討物體運動的基本，就讓我們學會想像物體運動時的模樣吧。

> **Point**
>
> ## 等速度直線運動是最簡單的運動方式
>
> **速度**會展現出物體的運動方式。
>
> ● 速度＝包含運動方向與快慢的向量
>
> 以固定速度持續運動，就稱為**等速度直線運動**。速度固定，就表示物體會以一樣的速度、朝一樣的方向持續運動。
>
> 物體進行等速度直線運動時，可以使用下述關係式。
>
> 移動距離 x ＝速度 v ×時間 t

以圖表來表示物體運動會更方便

物體的運動方式會有幾種模式，首先介紹最簡單的**等速度直線運動**。

光靠算式來思考物體的運動其實還蠻困難的，也很難對運動產生具體的概念，這裡改用圖表來表示的話，會更有助於思考。

不過，用來表示物體運動情形的圖表也有好幾種類型，這裡針對基本的 $x-t$ 圖與 $v-t$ 圖來說明。

等速度直線運動的 $x-t$ 圖與 $v-t$ 圖的相關性

我們可以從 **$x-t$ 圖**，看出物體的位置 x，會隨著時間 t 出現怎麼樣的變化。

如果是等速度直線運動，那麼隨著時間 t 的經過，物體位置會以一定的速度改變，圖形如下所示。

相對地，**v－t圖**則能夠看出物體的速度 t，會隨著時間 v 出現怎麼樣的變化。在物體以等速度直線運動的情況下，即便經過時間 t，速度 v 還是會維持不變，圖形如下所示。

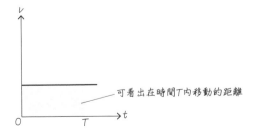

在這裡，兩個圖形的相關性可說非常重要。

首先，**x－t圖的傾斜程度與速度**有關。如果是等速度直線運動，線條的斜度會是固定的，這也代表物體運動時維持一定的速度 v。

v－t圖與t軸（橫軸）框出的面積，則是代表物體移動的距離。如果是等速度直線運動，面積會與時間 t 成正比。也就是說，移動距離會隨時間 t 成等比增加。

v

可看出在時間T內移動的距離

O   T   t

先掌握上述的關係後，對於接下來探討更複雜的運動時將會很有幫助。

02 等加速度直線運動

物體的運動速度有各種變化模式。從現實層面來看，物體其實很難保持固定的速度運動。

Point

以速度變化保持一定的運動，就是等加速度直線運動

速度改變時的重點，在於速度是瞬間大幅改變，還是慢慢改變。

其中，**加速度**就是用來表示速度的改變方式。

● 加速度＝單位時間內的速度變＝$\dfrac{速度變化}{變化的時間}$

當物體的加速度一定且進行直線運動，即可稱為等加速度直線運動。物體進行等加速度直線運動時，可用下述關係式求出速度與移動距離。

● 速度：$v = v_0 + at$（v_0：初速度　a：加速度　t：時間）

● 移動距離：$x = v_0 t + \dfrac{1}{2}at^2$（$v_0$：初速度　a：加速度　t：時間）

📖 等加速度直線運動的實例

加速度可以展現出物體速度的改變方式。高中物理多半會以「1s」作為單位時間，速度的單位則是「m/s」，所以加速度的單位基本上都是「m/s²」。舉例來說，如果「加速度為 3 m/s²」，就表示「每 1s 只會產生 3 m/s 的速度變化」。

不過，汽車或電車的速度，一般都是用「km/h」（時速）來表示，這時候加速度的單位就會是「km/h²」。

無論是從斜坡滑落，還是物體筆直墜落，這些都是現實中常見的等加速度直線運動（不過，考量空氣阻力和摩擦力的影響，嚴格說來不會是等加速度）。這裡我們也可以運用 $x - t$ 圖與 $v - t$ 圖，會更容易探討等加速度直線運動。

📖 等加速度直線運動的 $x-t$ 圖與 $v-t$ 圖

$x-t$ 圖的斜度將**反映出速度**，並且像下圖一樣，斜度會以一定的變化愈變愈斜。同時也和前一單元的 **Point** 所言一致，x 可以用 t 的二次函數來表示。

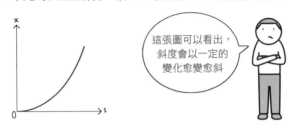

> 這張圖可以看出，斜度會以一定的變化愈變愈斜

針對 $v-t$ 圖的部分，**圖形與 t 軸（橫軸）框出的面積**，同樣能代表移動的距離。再加上 $v-t$ 圖的**斜度會反映出加速度 a**，所以可得到如下方斜度固定的圖表。

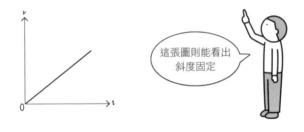

> 這張圖則能看出斜度固定

🖥 Business 工地現場物品掉落時的危險性

前面也有提到，等加速度直線運動會發生在物體從斜坡滑落或筆直墜落的時候。這裡如果再深入探討，我們還可以算出「物體會在幾秒內移動（墜落）多長的距離」或是「幾秒後的速度會變得多快」。這其實也能用來預測當工地現場有物品掉落時，會形成多大的風險，有助於我們評估避險呢。

所以，物理學對安全作業的規劃也是有幫助的呢。

03 拋物線運動

當物體以未接觸地面為前提運動時，運動過程中將只受到重力影響。這時的物體會形成拋物線運動。

Point

拋物線運動可拆解為「垂直」和「水平」兩個方向來思考

重力對物體作用的方向為**垂直方向**，與垂直方向相交呈直角的則是**水平方向**。

物體在運動時，同時也承受著重力，因此就可以分解成兩個方向，會比較容易理解運動的情況。

● 垂直方向運動＝等加速度直線運動。加速度即是重力加速度

$g \doteqdot 9.8 \, \mathrm{m/s^2}$。

● 水平方向運動＝等速度直線運動

了解這些觀念的同時，還要記住最重要的關鍵，那就是物體的初速度也能拆解成「垂直方向」和「水平方向」。

📖 **生活隨時可見的拋物線運動**

我們在拋接球時，應該都會思考，要以怎麼樣的速度朝哪個方向把球丟出，球才能順利到達對方的位置，對吧？丟垃圾時，如果不想走到垃圾桶旁也是一樣。在這些情況下，物體在運動的過程中都會呈現出拋物線，所以又稱作**拋物線運動**。

舉個例子，假設在棒球練習場利用發球裝置練習擊球時，就必須知道什麼是拋物線運動。發球裝置可以設定各種球速的發球條件。當球速改變，卻沒有調整發射方向的話，球可是到不了打擊者所在的位置。

拋物線運動聽起來似乎有些複雜，不過，只要拆分成「垂直方向」和「水平方向」兩個方向來思考的話，其實就沒有那麼困難。

📖 垂直運動

受重力影響，垂直方向的運動會形成加速度，又稱為**重力加速度**，一般會用「g」（gravity的字首）來表示。

重力加速度的大小，會根據我們在地球上所處的位置而有些微差異，但整體來說，愈接近南北極，重力加速度愈大；愈靠近赤道，重力加速度則愈小。這是因為赤道附近的離心力比較強的緣故。

雖然說有差異，但箇中差異其實非常小。舉例來說，日本位於南極的昭和基地觀測站，其重力加速度是 $9.82524\,\mathrm{m/s^2}$，鄰近赤道的新加坡則是 $9.78066\,\mathrm{m/s^2}$，大概是這樣的差異幅度。所以啦，無論是地球上哪個地方，重力加速度基本上都會接近 $9.8\,\mathrm{m/s^2}$。

針對垂直方向運動，我們可以把重力加速度 g 套用入 02 公式的加速度，那麼可以得到下列公式。

- 速度：$v = v_0 + gt$（v_0：初速度　g：重力加速度　t：時間）
- 墜落距離：$y = v_0 t + \dfrac{1}{2}gt^2$（$v_0$：初速度　g：重力加速度　t：時間）

📖 水平運動

水平運動不受重力影響，所以不會出現重力所帶來的加速度。

不過，以實際情況來說，還是會遇到空氣阻力等外力的干涉，所以一般來說，水平方向還是會產生加速度。但這裡要先忽略空氣阻力（或是小到可以當成不存在空氣阻力），那麼水平運動將不會形成加速度。這就意味著物體會以等速度水平運動，這時便能使用 01 學到的公式來探討水平運動：

- 移動距離：$x =$ 速度 $v \times$ 時間 t

接下來，便可以把運動分成兩個方向來探討。

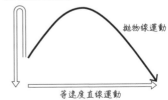

等加速度直線運動

拋物線運動

等速度直線運動

04 靜力平衡

就算有多種力作用在物體上，這些力也很有可能因彼此抵銷，使物體處於平衡狀態。原本靜止的物體就會持續維持不動。

 Point

也可以拆解成垂直和水平兩個方向來思考

我們可以把作用在物體的力結合後進一步探討，其中包含以下的結合方式。

兩股力作用

結合之後

還可以像這樣用圖形來思考力的結合。當作用在物體的結合力為零，就表示**力處於平衡**。

靜力平衡範例

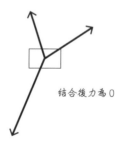

結合後力為 0

📖 運用靜力平衡，就能輕鬆提起重物

　　無論是什麼物體，原則上一定都會受某種力的作用。只要是存在於地球的物體，至少都會受到重力影響。單純受重力影響的話，所有物體都會往下墜落，不過實際上並非如此，因為當中存在著支撐住地面、地板的力量，也有可能存在繩索拉伸的

力量。如果物體靜止不動，就表示作用在物體表面上的力，正處於平衡狀態。

🖥️ Business　起重機的原理

工地現場有時必須要把很重的物品送往高處，而起重機就扮演著很重要的角色。起重機只透過一條鋼索就能拉起重物。

不過，如果單純只有拉這個動作，對鋼索會造成很大的負擔，這時就必須搭配幾個滑車。

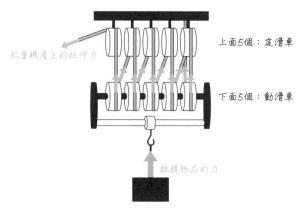

起重機產生的拉伸力

上面5個：定滑車

下面5個：動滑車

拉提物品的力

一條鋼索會順勢纏繞在幾個滑車上，這一個個滑車又會與拉提物品的掛勾相接，如此一來，就能使鋼索的拉伸力放大好幾倍。以上圖來說，起重機鋼索用來拉提物品的力量可以變成10倍！這只是其中一個例子，其實力的結合還能運用於各種場合。

不過，「靜力平衡」很容易與**「作用力與反作用力定律」**混淆。如果把物體A對物體B所產生的力視為「作用力」，那麼B對A所產生的力就是「反作用力」。這時，絕對不可能出現「A對B存在作用力，但B對A不存在作用力」的情況，這個關係即是作用力與反作用力定律。

所謂靜力平衡，就是思考**力作用在單一物體**時，這些力彼此之間的關係。反觀，**兩個物體之間相互作用的力**，才會建構出作用力與反作用力定律。只要掌握這個部分，就不容易搞錯兩者間的差異了。

05 水壓與浮力

在水裡會受到比大氣中更大的壓力，這也是為什麼沉入水中的物體會產生一股往上浮起的力量。

水壓的變化會形成浮力

水壓

物體沉在水中時，會承受下面提到的壓力。

● 水壓：$p = p_0 + \rho g h$（p_0：大氣壓力　ρ：水的密度　g：重力加速度　h：水深）

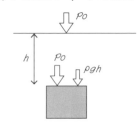

浮力

　　如果是在同一深度，那麼四面八方會作用著一樣大小的水壓，這也使得物體沉在水中時，上下方的受力會出現差異，而這股差異就是讓物體往上浮起的浮力。

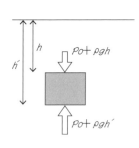

　　這是因為：

● 物體上方承受的力：$f = (p_0 + \rho g h)S$　（S：下沉物體的截面積）

● 物體下方承受的力：$f' = (p_0 + \rho g h')S$

所以可以求得：

● 浮力：$f' - f = \rho g (h' - h)S = \rho V g$（$V$：下沉物體的體積）

📖 壓力變2倍，水深為？

愈往水深處下潛，水的重量會愈加累積，水壓當然也會跟著變大。

大氣壓力p_0大約是$100,000\,\text{Pa}$（帕斯卡：壓力單位）。如果水的密度ρ是1000 kg/m^3左右，重力加速度g約為$10\,\text{m}/\text{s}^2$（實際上會接近$9.8\,\text{m}/\text{s}^2$）的話，那麼讓水壓為大氣壓力2倍的水深h為：

$$200000\,\text{Pa} = 100000\,\text{Pa} + 1000 \times 10 \times h\,(\text{Pa})$$

可求得$h = 10\,\text{m}$。換句話說，水深每增加10公尺，水壓也只會**增加大氣壓力的部分**。

💻 Business 潛水調查船「深海6500」

能潛入海中深處的可不只有潛水艇。對人類而言，深海仍是個充滿未知的世界，這時就會需要潛水調查船進行調查。

像是日本就有能潛至水中6,500m深處作調查的「深海6500」。「深海6500」是有人員搭乘潛水調查船，不過，潛到這麼深的水中必須承受多大的水壓呢？

當水深每增加10m，水壓也會變大，但只會增加大氣壓力的部分。從水深0m處（這時只存在大氣壓力）抵達6,500m深處就表示$10\,\text{m} \times 650$次，即表示潛水調查船將來到水壓大到相當於650倍大氣壓力的世界。

對了，其實每$1\,\text{m}^2$的面積原本就必須承受約10噸重的大氣壓力，變成650倍的話，要承受多大的水壓可想而知。據說為了讓深海6500能承受如此大的水壓，內徑2.0m的船艙是以73.5mm厚的鈦合金打造而成呢。

06 剛體平衡

物體受力作用時，位置（作用點）不同會使力的影響帶來差異，因為就算物體沒有變形，使物體旋轉的運動也會因此改變。

 Point

力矩會隨著與旋轉軸的距離有所改變

作用在物體上，且能讓物體旋轉的力量大小稱為力矩。力矩可依照下方左圖的方式求得。

若物體靜止未旋轉，那麼力矩可能就會像下方右圖一樣處於平衡狀態。

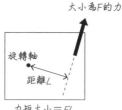

大小為F的力

旋轉軸

距離L

力矩大小＝FL

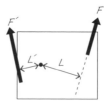

F′　　　　　　F

L′　L

力矩平衡 FL＝F′L′

📖 物體必須靠力矩平衡才不會傾倒

讓我們先用生活周遭可見的例子來探討力矩。

假設兩個人分別握住球棒兩端，接著用力朝相反方向轉動，對於哪一邊會比較有利呢？

實際試過就會發現，握住棒頭的人會明顯有利。因為棒頭較粗，所以與球棒的施力旋轉軸距離也會較長。**與旋轉軸的距離長**；因此能發揮較大的力矩。由此可知，就算力的大小一樣，只要作用的位置不同，對於旋轉所帶來的影響就會跟著改變。

巨大建築物的設計

　　如何普及運用自然能源一直是全球共通的課題，而其中一個方法便是風力發電。對於缺乏地點設置巨大風車的日本而言，離岸風力發電的可行性就非常值得探討。發電機組設置於海上的話，不僅能避免噪音，也不會有破壞景觀的問題，風力狀態亦是穩定。

　　不過，日本近海區域幾乎都很深，設置固定於海底的風車成本相當昂貴，對此，便有人開始研究漂浮在海上的風車。

　　如果真要設置浮動式風車，就必須**思考怎樣的設計能避免風車傾倒**。浮動式風力發電機的機塔上半部為中空的薄鐵材質，下半部則由中空的混凝土打造而成。設計時會刻意讓發電機整體重心偏低，如此一來下半部才能夠沒入海水。

　　想讓發電機浮起來，就必須倚靠來自海水的浮力。浮力會作用於下沉部分的中心，所以當風力發電機遭到浪襲風吹傾斜時，也會像右下圖一樣，形成一股恢復成原本狀態的力矩，讓發電機穩定避免傾倒。

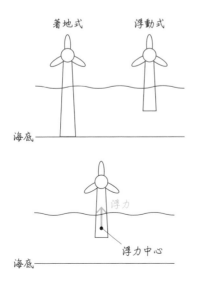

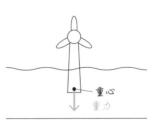

07 運動方程式

當作用於物體的力無法處於平衡狀態，物體的速度就會起變化，這時就會用運動方程式來表示。

👆Point

可從運動方程式求得物體所產生的加速度

假設有一股力F作用在物體上，且產生大小為a的加速度，那麼兩者間會形成下述關係式。

● 運動方程式：$ma = F$（m：物體質量）

這時，物體產生的加速度a會與物體承受的力F成正比。但加速度a也會隨物體質量m改變，兩者的關係成反比。

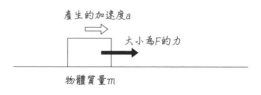

產生的加速度a
大小為F的力
物體質量m

📖 物體質量愈大，速度愈不容易起變化

想要表示力的大小時，必須搭配單位。國際單位制（SI）是以**「N」（牛頓）**來表示力的大小，這個單位「N」便是根據運動方程式定義而來。

在國際單位制裡，質量的單位為「kg」、加速度的單位則是「m/s²」，將這些資訊代入運動方程式的話，那麼，

$$1\,\mathrm{kg} \times 1\,\mathrm{m/s^2} = 1\,\mathrm{N}$$

這也表示，1N被定義成質量1kg的物體產生1m/s²加速度所需的力。

從運動方程式可以得知，**即便作用的力相同，只要物體質量 m 愈大，就愈難產生加速度**。各位都知道，與重量輕的物品相比，要移動較重物品或讓物品靜止會比較吃力，從中應該就能理解質量輕重帶來的差異。

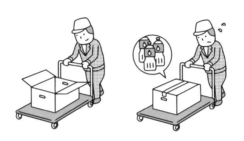

▶Business 如何在外太空正確測量體重？

運動方程式也會運用在質量檢測儀器。一般我們可以用體重計測量物體的「重量」，但並不代表能檢測「質量」。各位可以想像一下國際太空站（ISS）的無重力環境。所謂無重力是指所有物體的「重量」皆為零，可是並非指「質量」等於零。

長駐ISS的太空人必須測量自己的「質量」，以做好健康管理。不過，如果人在外太空的話「重量」會是零，所以無法用體重計測重。對此，太空人會使用一種類似彈力繩的物品。太空人必須拉伸彈力繩，並測量繩子恢復時的速度，因為拉繩力道大小會使恢復速度產生變化（形成加速度）。照理說，太空人「質量」愈大，速度就愈不容易變化，所以就能從中掌握太空人的質量。

用彈簧取代彈力繩一樣能進行量測。當質量愈大，與質量相連的彈簧就會產生緩慢振盪。

空氣阻力與終端速度

墜落的物體會因為重力開始加速，不過，受到空氣阻力的影響，加速度的程度會愈來愈不明顯。

 Point

墜落物體的速度最終會維持在一定值

空氣阻力

03 有提到，物體墜落時的加速度為重力加速度 g（$\fallingdotseq 9.8\,\mathrm{m/s^2}$），不過這必須以不存在**空氣阻力**為前提，以實際情況來說，空氣阻力會對墜落的物體帶來影響，使加速度比重力加速度 g 還小。

物體受空氣阻力影響所產生的加速度 a 可以根據

● 運動方程式：$ma = mg - kv$（m：物體質量　v：物體速度）

求得「$a = g - \dfrac{kv}{m}$」。

這時，如果物體速度 v 並不快，那麼就可以利用空氣阻力大小會與速度 v 成正比的關係（k 為比例常數）。

終端速度

當速度 v 逐漸變快，最後會形成「$a = g - \dfrac{kv}{m} = 0$」的結果。換句話說，物體速度將來到定值，這時物體的速度又稱為**終端速度**。

● 終端速度：$v = \dfrac{mg}{k}$

為什麼雨水顆粒愈大，雨勢愈猛烈？

如果要說什麼東西會從高空墜落，應該就是雨滴了吧。雨會從位於高空數公里的

雲層滴落，過程中會不斷承受重力。

如果沒有空氣阻力，雨滴會以怎樣的速度抵達地面呢？假設雨滴從1公里高空開始滴落，我們可以算出抵達地面時的速度為 $140\,\mathrm{m/s}$（$\fallingdotseq 500\,\mathrm{km/h}$），這可是比新幹線還要快很多的速度呢。如果下墜速度如此快，即便只是雨滴也充滿危險。

不過，以實際情況來說，雨滴墜落的速度其實明顯慢了許多。雨滴到達地面時基本上會處於終端速度，而終端速度的大小將取決於雨滴顆粒大小。

接著讓我們想得單純一點。終端速度公式 $v = \dfrac{mg}{k}$ 出現的數值中，不管雨滴顆粒大小，重力加速度 g 都是固定的。隨雨滴顆粒大小有所改變的，會是雨滴質量 m 與空氣阻力的比例常數 。

假設雨滴會維持球形，那麼雨滴的質量會與球體半徑立方成正比，這是因為體積與球體半徑立方成正比的關係。

另外，空氣阻力的比例常數 k 基本上也會與球體的截面積成正比，表示與球體半徑平方成正比。

根據以上內容應該就能理解，為什麼終端速度 $v = \dfrac{mg}{k}$ 會是 $\dfrac{（雨滴半徑）^3}{（雨滴半徑）^2}$，且**與雨滴半徑成正比**了。

透過實際體驗，各位應該會更能接受這樣的說法。

其實，氣象播報員考試題目中，就曾出現過該如何計算雨滴墜落速度（終端速度）的問題。氣象預報也會從雲層狀態來預估雨滴大小，告訴民眾降雨的激烈程度。

濛濛細雨，滂沱大雨

文化知識 ★★ 　　實用 ★★★★ 　　考試 ★★★

09 功與力學能

這裡將思考物體從高處移動，或是加速使移動速度變快時會用到的觀念。
不只是前面提到的「力」，當我們聚焦「能量」時，還會看到某些相關性。

Point

物體做了多少功，動能就會增加多少

功

物理學會把施力所帶來的位移稱做「功」。舉例來說，就算長時間支撐住某個物體，但只要物體沒有移動，從物理角度就不會稱「有作功」。

功的大小可從「$W = Fs \cos \theta$」（F：力的大小　s：移動距離）求得。

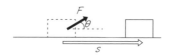

力學能

物體具備「作功的能力」，我們又稱其為**能量**。能量包含了**動能**（物體運動時所擁有的能量）、**重力形成的位能**（位於高處的物體所擁有的能量）、**彈性所形成的位能**（彈簧所儲存的能量）等，分別可用下述公式呈現。

● 動能 $= \dfrac{1}{2} mv^2$（m：物體質量　v：物體速度）

● 重力位能 $= mgh$（g：重力加速度　h：從基準算起的物體高度）

● 彈性位能 $= \dfrac{1}{2} kx^2$（k：彈簧常數　x：彈簧拉伸（收縮））

動能與位能的總和就是**力學能**。

另外，功與能量之間還有一個非常重要的關係，那就是「物體作多少功，動能就會增加多少」。

📖 工具能讓作業變輕鬆，但作功量並不會改變

04有介紹起重機的運作機制，1條鋼索能產生好幾倍的力量來拉提重物。

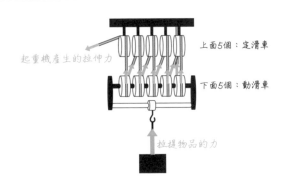

起重機產生的拉伸力

上面5個：定滑車

下面5個：動滑車

拉提物品的力

這樣運用其實不只出現在施工現場，就連電梯、機械設計等許多場合也都非常有幫助。

不過，有一點要特別注意，那就是**就算使用工具，需要的作功量也不會因此減少**。

起重機把物體拉至高處時，看起來是緩慢上升。進一步觀察鋼索捲動的部分卻會發現，捲動的速度其實很快。換句話說，雖然鋼索本身的運動速度快，但物體上升卻是非常緩慢的。

這是因為起重機使用了非常多的滑車。以上圖來說，分別使用了各5個定滑車與動滑車，讓鋼索的拉力增加為10倍。用這10股力量拉提物體時，假設物體上升1m，10條鋼索也全都必須縮短1m才行，總共加起來就是10m，由此可知鋼索的改變量相當可觀（物體升高高度的10倍）。

力量雖然變成十分之一，但移動距離增為10倍，所以從結果來看，作功量並沒有改變。以上就是作功的原理。無論使用怎樣的工具，都無法減少需要的作功量，這正是物理的原理呢。

我們也會發現，思考提舉物體或移動物體時，聚焦在「功」其實並沒有意義，反而必須掌握「力」，因為我們可以透過工具來縮小所需的力（但也意味著力縮小的幅度必須透過移動，反映在拉長的距離上）。

1條鋼索會順勢纏繞在幾個滑車上，這1個個滑車又會與拉提物品的掛勾相接，如此一來就能使鋼索的拉伸力變大好幾倍。以上圖來說，起重機鋼索用來拉提物品的力量可以變10倍。

10 力學能守恆定律

力學能守恆定律是思考物體能量形態改變時所需要的知識，但各位要先有個觀念，那就是這個定律並非隨時都能成立。

Point

只要物體不是受到非保守力作功，就會儲存力學能

力學能（動能與位能的總和）維持不變，稱為**力學能守恆定律**。

不過要特別注意，力學能守恆定律只會成立於物體不是受「非保守力」作功的前提條件下。

- 保守力＝作功可以轉換成位能之力（例：重力、彈簧力、靜電力）
- 非保守力＝作功無法轉換成位能之力（例：摩擦力、正向力）

力學能守恆定律最常見的例子如下。

自由落體運動
（包含拋物線運動）　　　彈簧振盪　　　擺錘運動

📖 高度與墜落速度的關係

從高處落下的物品速度會愈變愈快。這裡可以利用力學能守恆定律，計算出從多高的地方落下會形成多快的速度。

- 從1m落下時，根據 $m \times 9.8 \times 1 = \frac{1}{2}mv^2$，可以算出 $v \fallingdotseq 4.4\,\mathrm{m/s}$
- 從10m落下時，根據 $m \times 9.8 \times 10 = \frac{1}{2}mv^2$，可以算出 $v = 14\,\mathrm{m/s}$
- 從100m落下時，根據 $m \times 9.8 \times 100 = \frac{1}{2}mv^2$，可以算出 $v \fallingdotseq 44\,\mathrm{m/s}$

Business 位能可以產生大量的電

只要懂得充分運用力學能守恆定律，其實就能得到非常多幫助，最代表性的範例就是水力發電。

水力發電會運用儲存在水庫的水，將「**重力形成的位能**」轉換成「**動能**」。位能獲得釋放會讓水劇烈運動，接著就能利用湍急的水流使發電機運作。這即是水力發電的過程。

日本的水力發電占比約為1成。從概算來看，日本電力公司的最大發電能力為2億kW，這意味著每秒能產生2,000億焦耳（J）的能量。

如果水力發電要產生1成占比（200億J）的電能，就表示儲存於水庫的水具備這樣的位能。那麼，這會需要多少水量呢？

根據日本河川法，水庫的定義高度必須達15m以上，這裡為了方便說明，就假設水庫高度為100m（實際上，黑部水庫的高度就有186m，甚至還有其他更高的水庫）。

1kg的水從100m落下時，釋放的位能為：

$1 \times 9.8 \times 100 = 980\,\mathrm{J}$

如果要滿足200億J，就必須是：

200億 ÷ 980 $\fallingdotseq$ 2000萬 kg = 2萬噸的水量。

發電效率會有損耗，所以必須準備比2萬噸更多的水量才能產生目標電能。

日本並非隨時都有如此龐大的水量作為發電之用，但各位從中應該可以感受到，想要應付日本所需電力，大量的水資源可說是必要條件。

11 動量與衝量

探討施力會使物體運動產生變化時，功與能量的關係會是其中一種切入的角度。在某些情況下，用衝量與動量來作探討會較為方便。

> ☞ Point
>
> **物體承受了多少衝量，動量就會產生相同程度的改變**
>
> ### 動量
>
> 不同於動能，我們還能以**動量**這個概念來表示物體運動的激烈程度。
>
> ● 動量：$p = mv$（m：物體質量　v：物體速度）
>
> ### 衝量
>
> 物體受力時的動量變化。動量的變化程度相當於物體所承受的**衝量**。
>
> ● 衝量：$I = Ft$（F：力的大小　t：施力時間）

📖 拉長受力時間就能減緩衝擊

以「質量」與「速度」乘積，來呈現物體運動的激烈程度應該算是蠻好理解的。

疾駛的車子會比緩慢行進的車子危險。萬一不小心發生碰撞，速度愈快，衝擊力就會愈大。即便速度相同，物體質量愈大，氣勢也會愈驚人。拿輕型車和砂石車來比較的話，應該都能立刻感受到在相同車速下，砂石車的行進氣勢比較大。然而，運動的激烈程度（動量）並非固定不變。以車子來說，踩踏油門會使動量變大，踩剎車的話則會變小，所以我們能透過這些操作對車輛施力，**車子承受多少衝量，就會產生相當程度的動量變化**。

　　把火柴放進吸管裡並往前吹，就能更輕易理解其中的關係。如果把火柴放在靠近吸管末端出口，那麼與放在靠近嘴巴位置相比，以相同力道往前吹的話，後者會飛比較遠。因為施力時間拉長，使火柴承受的衝力變大，火柴的動量變化（速度變化）當然跟著變大。

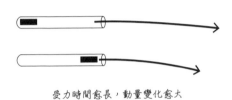

受力時間愈長，動量變化愈大

Business 利用緩衝材拉長「受力時間」

　　動量與衝量的關係其實還可以運用在各種場合。

　　搬運容易損壞的物品時，可以用緩衝材加以包裹。一般而言，緩衝材都會選用質地柔軟的素材，因為無論撞擊物是軟是硬，物體的動量變化都會一致。

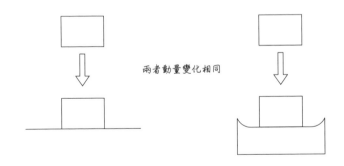

兩者動量變化相同

　　換句話說，承受的衝力其實相同。就算素材改變，衝力也不會因此有所變化。

　　那麼，使用柔軟素材有什麼差別呢？差別在於「**受力時間**」。柔軟素材會使「受力時間」拉長，受力將會隨之變小。

12 動量守恆定律

只探討一個物體時，衝量和動量的相關性會比較有幫助。如果要聚焦兩個以上物體的整體狀態，那麼搭配動量守恆定律會更容易掌握。

Point

只要不受外力作用，整體的總動量會保持不變

舉例來說，當兩個物體碰撞時，彼此都會產生影響對方的力，所以各自的動量也將跟著變化。

如果兩個物體不受外力影響（就算受力也處於平衡狀態），僅彼此相互受力作用的話，那麼兩個物體的動量總和就不會產生變化，這個現象又稱為**動量守恆定律**。

下面的例子就適用動量守恆定律。

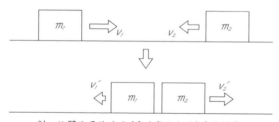

對二物體作用的外力（重力與正向力）處於平衡

● 動量守恆定律：$m_1 v_1 - m_2 v_2 = - m_1 v_1' + m_2 v_2'$

利用動量守恆定律來減緩衝擊

動量不只有「大小」，還有「方向」。讓我們來思考一下，當質量相同的物體以等速正面碰撞，彼此都停下靜止的情況。這時，**兩個物體的動量並沒有消失**，而是彼此的動量總和為零。用算式來看的話，會是「二物體動量總和＝$m_1 v_1 - m_2 v_2 = 0$」。

只要能掌握到動量守恆定律的重點，就能廣泛運用在現實的各種情境。

為什麼大砲射出後能飛很遠？

大砲是戰爭會用到的大型武器之一，能以驚人的氣勢將巨型彈藥射向敵營，彈藥射出後會獲得龐大動量。

剛開始，「發射裝置＋彈藥」處於靜止狀態，所以不具備動量。當彈藥產生一股向右的動量，照理說發射裝置就會同時形成一股向左的動量。根據動量守恆定律，我們可以得知上述關係。

接著，彈藥就會猛烈地發射出去，這也代表彈藥得到了龐大的動量。

這時，發射裝置也會產生程度相當的動量。這股動量不僅對站在發射裝置附近的人而言非常危險，也經常造成裝置故障。

對此，人們便開發出所謂的無後座力砲。如果像下方左圖一樣，朝兩邊發射彈藥的話，那麼就算發射裝置不產生動量，也能讓「動量總和」為零。不過，這樣的發射裝置也會攻擊到我方陣營。將這樣的構想加以改善後，就變成下方右圖改發射氣體的裝置。

這樣的機制原理甚至能運用在發球機等設備。

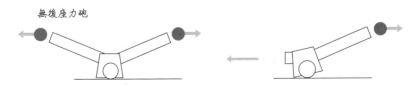

13 二物體碰撞

兩個物體發生碰撞時，光靠動量守恆定律是無法預測碰撞後的速度，還必須搭配另一個名叫恢復係數的概念。

☝ Point
兩個物體碰撞後的反彈程度可用「恢復係數」表示

當球掉到地面，像下圖一樣彈起時，球和地面之間的恢復係數可用「$e = \dfrac{v'}{v}$」來表示。

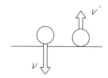

另外，運動的兩顆球如下圖一樣發生碰撞時，球與球之間的恢復係數可用「$e = \dfrac{v_1' + v_2'}{v_1 + v_2}$」來表示。

📖 可從「動量守恆定律」和「恢復係數」導出碰撞後的速度

球類競技中，每個項目所使用的球都會有各自的基準，除了規範大小與重量，彈性表現也必須符合基準。

以日本職棒例行賽所使用的球為例，據說棒球與固定鐵板間的目標恢復係數為 0.4134，這時會用感測器量測碰撞前後的速度，確認恢復係數是否符合規範。

其實，就算沒有測速用感測器，我們也能輕易求出恢復係數。這裡要參考下一頁的

圖示，穩穩地放手，讓球從某個高度落下，接著測量碰撞地面後所達到的最高高度。

　　假設快要碰撞時的速度為v_1，碰撞後立刻測得的速度為v_2，並搭配09登場的公式，便能得知：

- 最初的高度$h_1 = \dfrac{v_1^{\,2}}{2g}$（$g$：重力加速度）

- 碰撞後最高點的高度$h_2 = \dfrac{v_2^{\,2}}{2g}$

那麼，

- 球與地面間的恢復係數會是$e = \dfrac{v_2}{v_1} = \sqrt{\dfrac{h_2}{h_1}}$

於是就能利用h_1與h_2算出恢復係數。

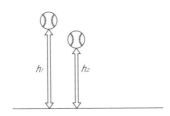

　　假設物體彼此相碰撞，而我們必須求出碰撞後的速度。這時就需要搭配「動量守恆定律」。

　　如果二球快要碰撞時的速度分別是：

　　碰撞後的速度是：

先列出公式

- 動量守恆定律：$m_1 v_1 - m_2 v_2 = -m_1 v_1' + m_2 v_2'$

- 二球間的恢復係數：$e = \dfrac{v_1' + v_2'}{v_1 + v_2}$

將兩者聯立即可求得碰撞後的速度。

14 圓周運動

如果物體想要轉啊轉地形成「圓周運動」，會需要怎樣的力呢？出乎意料地，只要力朝圓心作用，物體就會持續進行圓周運動。

Point

☝ 等速圓周運動的物體會產生一股朝向圓心的加速度

物體進行等速圓周運動（固定速度的圓周運動）時，會產生下述的加速度。

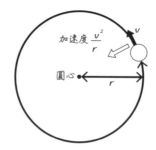

07其實就有提到，想讓物體形成加速度的話，就必須對加速度的方向作用力。這也表示等速圓周運動的物體作用力是朝向圓心。

這股力又稱作**向心力**，可用下述公式求得。

● 向心力：$F = m\dfrac{v_2}{r}$（m：物體質量）

📖 週期與轉速為倒數關係

投擲鏈球是一種手握前端連著鐵球的鋼絲用力旋轉的運動，如果不緊緊拉握住，就會因為向心力不足的緣故，使鏈球無法持續旋轉。

其實，像是遊樂園裡的遊樂設施等，有許多地方都會運用到圓周運動。這時，就必須朝圓心施力。

以實際情況來說，物體會有重力，所以只要能讓拉伸力與重力的合力像下頁圖示

一樣，朝向圓周軌道中心即可。

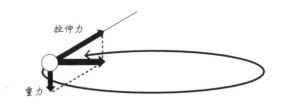

車輛或機械設備會用到很多齒輪，這些齒輪旋轉的速度一般會稱作「轉速」，也就是指單位時間內會轉幾次的意思。

物體進行一次圓周運動的移動距離為 $2\pi r$，所需時間則是 $\dfrac{2\pi r}{v}$，亦稱作圓周運動的**週期**。

假設週期為 0.1 秒，即表示 0.1 秒能轉 1 圈。那麼 1 秒會變 10 倍，也就是能轉 10 圈，這裡所說的 10 圈相當於轉速。

根據上述內容，便能得知「週期」與「轉速」為倒數關係。

$$週期 = \dfrac{1}{轉速}$$

所以，只要算出「週期」或「轉速」任一者，就能立刻求得另一項。

你我身邊也可見非常多旋轉物，最具代表性的就屬馬達。少了馬達，電器用品將無法使用。另外，還有非常多物品會透過與馬達的連結達到旋轉效果，所以無論是機械設計，還是其他各種場合，圓周運動都會帶來幫助。

文化知識 ★★★　　　　實用 ★★★★　　　　考試 ★★★★

15 慣性力（離心力）

會覺得物體在轉啊轉地移動，是因為我們從靜止的角度看物體。但對於跟著物體一起轉動的人來說，物體看起來會是靜止狀態。因為從這個觀點來看的時候，存在著一股很特別的力。

☞ Point

離心力只會出現在進行圓周運動的人身上

當我們跟著等速圓周運動的物體一起進行圓周運動，會看見當中存在著一股**離心力**。

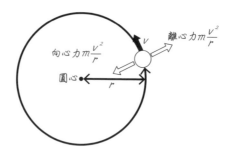

跟著運動時，（進行圓周運動的）物體看起來就像靜止不動，這是因為向心力和離心力處於平衡狀態的關係。

各位還要注意一點，那就是必須一起進行圓周運動，才會發現離心力的存在（旁觀者無法察覺離心力）。

離心力又名為慣性力，屬力的形態之一。「跟著物體進行加速度運動時才會發現（感受到）的力」即是慣性力，方向及大小如下所示。

只要能測得慣性力，就能掌握加速度

最近，不少智慧型手機都能作為簡易的加速度計使用。

加速度計所量測的是**慣性力**，再加上慣性力與加速度成正比，所以只要用加速度計測得慣性力，就能掌握加速度。

汽車的安全帶裝置在遇到緊急剎車時會鎖住，這樣的設計也是運用了慣性力。急剎時，會往後產生加速度，所以慣性力會朝前方作用。這時，裝置就會透過慣性力鎖住安全帶。

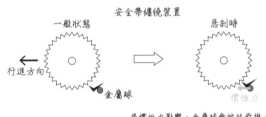

受慣性力影響，金屬球會被往前推，
鎖住齒輪

反覆加速與減速運動的電梯裡也會產生慣性力。電梯往上加速時，我們會覺得身體很沉重。

反觀，當電梯往下加速時，就會覺得身體很輕。這是因為慣性力會使我們感受到的重力變大或變小。

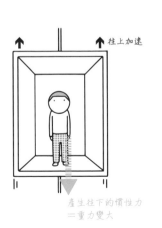

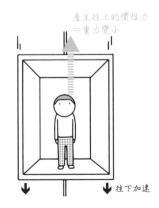

16 簡諧運動

與彈簧相連的物體會進行「簡諧運動」。簡諧運動可以理解成等速圓周運動的延伸。

☞ Point

簡諧運動為等速圓周運動的正射影

如果把正在進行等速圓周運動的物體從某個方向照射光線，讓物體的影子映在螢幕上，那麼影子的軌跡就稱作正射影，而等速圓周運動物體的**正射影**便是簡諧運動。

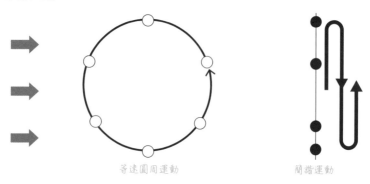

等速圓周運動　　　　　　　簡諧運動

假設物體正在進行簡諧運動，且時間 $t = 0$ 的位置為 0，那麼在時間 t 的物體位置 x 可用「$x = A \sin \omega t$（A：振幅　ω：角頻率）」來表示。

簡諧運動物體的速度

只要用時間 t 微分物體位置 x 就能求得速度，所以簡諧運動的物體速度 v 可以「$v = \dfrac{dx}{dt} = A\omega \cos \omega t$」來表示。

簡諧運動物體的加速度

只要用時間 t 微分速度 v 就能求得加速度 a，所以簡諧運動的物體，其加速度 a 可以「$a = \dfrac{dv}{dt} = -A\omega^2 \sin \omega t$」來表示。

彈簧強度取決於週期

我們平常或許較少直接看見彈簧的簡諧運動，但其實這類運動都是默默低調地存在於你我身邊。

舉例來說，車輛的輪子會安裝一種名叫避震器的彈簧零件。當車子行經坑坑巴巴的道路時，彈簧會吸收掉搖晃時產生的能量，盡量減少車體晃動。

這時，**振盪週期**就非常關鍵。「1次振盪需要花費的時間」稱為「週期」，週期取決於振盪物體的質量與彈簧強度（彈簧常數）。

彈簧常數 k

質量 m

1次的振盪相當於角度 2π（rad）的旋轉運動。每1秒會振盪多少rad則會用角頻率 ω（rad/s）來表示。

由此可知，週期 T（s）可以「$T = \dfrac{2\pi}{\omega}$」求得。

另外，簡諧運動的物體運動方程式可用「$ma = F$」來表示，再加上加速度 a 求得為「$a = -A\omega^2 \sin \omega t = -\omega^2 x$」，物體受力 F 則是為「$F = -kx$」，而且「$-m\omega^2 x = -kx$」，所以可以得知「$\omega = \sqrt{\dfrac{k}{m}}$」。那麼週期 T(s)會是：

$$T = \frac{2\pi}{\omega} = 2\pi\sqrt{\frac{m}{k}}$$

由此可知，只要調整物體質量以及與物體相連的彈簧強度，就能設定出自己需要的振盪週期。世界上結合彈簧的物品多到數不清，而設計這眾多物品時，週期公式 $T = 2\pi\sqrt{\dfrac{m}{k}}$ 可是非常重要呢。

17 單擺

單擺運動的振幅如果沒有很大，其實可以視為與簡諧運動一樣的運動。想要運用單擺，關鍵同樣在於週期。

✋ Point

單擺週期與物體的質量無關

單擺

用繩子綁著重物並使其振盪可以稱為**單擺**運動。

只要振幅夠小，
就能視為簡諧運動

只要單擺的振幅夠小，看起來就會很像是近乎直線的來回運動，因此能夠視為簡諧運動。

單擺週期

$$T = 2\pi\sqrt{\frac{L}{g}} \quad (L：擺錘長度 \quad g：重力加速度)$$

從公式中可以看出，單擺週期只會取決於擺錘長度與重力加速度的大小。

還有一點很重要的是，週期與物體質量 m 毫無相關。雖然質量愈大，物體就愈難移動，但只要質量夠大，重力也會變大，那麼兩者將相互抵消。

📖 光靠長度就能調節單擺週期

單擺週期取決於擺錘的長度與重力加速度的大小。不過，無論是地球上的哪個地點，重力加速度基本上都相同，所以**擺錘的長度**基本上就能決定週期（如果想要量測重力加速度不同的地點會形成怎樣的差異，其中一個方法就是使用同樣長度的擺

錘，比較週期有何不同）。

人們在設計兒童玩具的盪鞦韆時，長度基本上都大同小異。因為只要決定好長度，就能以讓人感覺愉快的週期甩盪。不過，這也意味著就算你再怎麼使勁盪，鞦韆的週期也不會改變。唯一能縮短週期的方式就是站著盪，因為站立後重心會更接近擺錘的支點，相當於縮短擺錘的長度。

Business 為什麼高樓大廈會因為風吹或地震而搖晃

我們平常雖然不太有機會見識到，不過高樓大廈可是會被風吹或被地震搞到搖搖晃晃。萬一搖晃太過劇烈，大樓也是會不耐晃動而倒塌，不過人們在設計時會避免這種情況發生。

大樓高度會**隨振盪週期改變**，樓高愈高，週期愈長。所以遇到長週期的地震時，大樓的搖晃程度也會變得劇烈，這個現象又稱為**共振**。

過去也曾發生位在美國東岸河邊的新建高樓大廈因為風吹出現劇烈搖晃，這種情況則是與風產生共振。設計師並未考量到風吹所造成的搖晃週期，所以算是設計疏失。如果因為這樣就要打掉重建也並非易事，既然如此，當初又是怎麼解決此問題的呢？

據說當時是像下圖一樣，與旁邊高度較低的大樓相連，來解決共振問題。因為與較低的大樓結合成一體後，重心就會跟著變低，週期也隨之縮短。也讓我們了解到，在設計大樓時必須考量到這個環節。

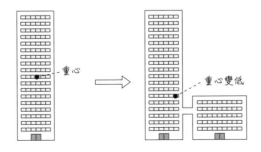

18 克卜勒三大定律

星體繞行太陽的運動其實存在著規則性，這些規則又被彙整成「克卜勒三大定律」。

 Point

當行星離太陽愈遠，移動會愈慢

克卜勒發現，行星運動時會滿足下述三大定律。

● 第一定律：所有行星都會以橢圓軌道繞行太陽，而太陽位在橢圓的一個焦點上

太陽系行星的繞行軌道並非正圓形，而是有點變形的橢圓形。以地球來舉例，距離太陽最近和最遠的位置長度大約差了500萬公里。

● 第二定律：行星繞行的面積速率為定值

根據下圖所示，太陽與行星連線在單位時間內所掃過的面積，名叫**面積速率**。所謂面積速率為定值，代表當行星離太陽愈遠，速率就會愈慢。

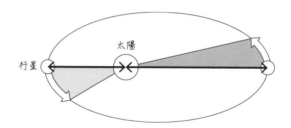

行星　　　　太陽

● 第三定律：所有行星公轉週期 T 平方和該行星橢圓軌道半長軸 a（長軸的一半）立方的比皆相同

用公式表示的話，會是「$\dfrac{T^2}{a^3} = $ 定值」。假設週期單位為「年」，半長軸單位為「天文單位」（地球半長軸為 1 天文單位），以地球來說，「$\dfrac{T^2}{a^3} = 1$」，所以可以得知定值為 1。

利用克卜勒第三定律，計算下次觀測目標星體的時間

行星繞行橢圓軌道且最接近太陽的位置名叫**近日點**，離太陽最遠的位置則稱為**遠日點**。

以地球來說，位於近日點時，北半球為冬天，而且恰巧就是冬至。反觀，遠日點會落在北半球的夏至。地球離太陽愈近，公轉速度就會愈快，這也表示日本冬天時，地球的公轉速度較快。

我們還可以掌握一件事，那就是從秋分到春分的天數（冬季期間）會比春分到秋分的天數少。其實很少人注意到這件事，而這也是地球公轉速度不固定的理由。

滿足克卜勒三大定律的星體可不只行星，就連小行星、彗星也都依循著三大定律繞行。

彗星算是長時間位處太陽遠處的星體，主要由冰構成，只有在靠近太陽的時候冰會慢慢熔化。換言之，彗星的繞行軌道是相當扁平的橢圓形。

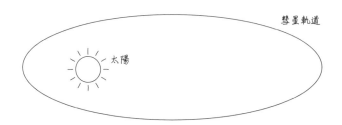

人們在1986年首次從地球觀測到哈雷彗星，這也是因為彗星剛好繞行到太陽附近的緣故。我們知道，哈雷彗星的半長軸約為17.8個天文單位，所以可用第三定律公式套用「$\dfrac{T^2}{17.8^3} = 1$」，求出哈雷彗星的週期「$T \fallingdotseq 75$ 年」。

運用克卜勒第三定律便能預測，等到2061年的時候，我們就能從地球再次觀測到哈雷彗星。

19 滿足萬有引力的運動

任何物體彼此間都存在著引力，稱為萬有引力。支配星體運動的也是萬有引力。

Point

當物體愈靠近，萬有引力的能量就愈小

具備質量的物體間，會存在一股如下圖所示的萬有引力。

$F = G\dfrac{Mm}{r^2}$（G：萬有引力常數　r：物體間的距離　M、m：各個物體的質量）

星體間的萬有引力將影響星體的運動。

以太陽系來說，太陽質量大到其他星體望塵莫及，所以星體所存在的萬有引力基本上都來自太陽。這也形成一股向心力，進而讓星體出現圓周運動（嚴格來說是橢圓形運動）。

[重力位能]

萬有引力對物體作用時會作功，使物體具備位能，這又稱為**重力位能**，可用下述公式表示。

$U = -G\dfrac{Mm}{r}$

這裡要注意的是，上述的重力位能公式，一般是以無限遠處為基準，也就是零位面（位能為零的基準面）位在無窮遠處。這時，位能的值會是負的，因此須特別留意。

求出人造衛星和太空探測器所需的速度

氣象衛星、通訊衛星、GPS衛星、地球觀測衛星……，地球周圍其實繞行著各種不同運用目的衛星。雖然這些衛星會長時間持續運行，但並沒有**隨時隨地都在消耗燃料**。人造衛星基本上只靠來自地球的萬有引力運行。萬有引力會變向心力，讓衛星形成圓周運動。所以，基本上只有人造衛星軌道偏移，需要修正軌道時才會消耗燃料。這麼說來，人造衛星可是非常節能呢。

當然，人造衛星要存在速度，才有辦法持續進行圓周運動。如果沒了速度，就會受重力影響墜落。既然如此，人造衛星的速度要多快，才能持續繞行地球周圍呢？

這其實取決於衛星與地表的距離。先假設衛星在地表附近繞行。各位或許會說「哪有人造衛星是在地表附近繞行的！」舉例來說，國際太空站（ISS）的繞行高度大約是上空400km處，是地球半徑6,400km的十六分之一。雖然說是國際「太空」站，從遠處來看的確是貼近地表繞行呢。

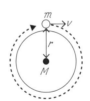

人工衛星繞行時的運動方程式可用「$m\dfrac{v^2}{r} = G\dfrac{Mm}{r^2}$」來表示，解開後可得到「$v = \sqrt{\dfrac{GM}{r}}$」。將各數值代入，會求得$v$大約是$7.9\,\mathrm{km/s}$（亦稱為「第一宇宙速度」（first cosmic velocity）。

由此可知，繞行地表附近的人造衛星會以如此驚人的速度移動呢。只要賦予這個初速度，再藉由萬有引力的幫助，衛星就能持續進行圓周運動了。

當人造衛星超過這個速度，繞行軌道就不會是圓形，而是橢圓形。

20 溫度與熱

日常生活中，當我們體溫變高時會說「發燒、發熱」，「熱」與「溫度」在這裡雖然意思相同，但物理上的涵義卻不一樣。

Point

「溫度」會聚焦於1個粒子，「熱」則是著眼整體

溫度

構成物質的原子、分子等粒子並非靜止不動，而是會進行無規律的運動，一般又稱為**熱運動**，這意味著粒子擁有動能。

粒子擁有的動能為：

$$\frac{1}{2}mv^2 = \frac{3}{2}kT \text{（} k : 波茲曼常數 \quad T : 物質的絕對溫度）}$$

從這個關係中可以得知，「一個原子（分子）具備的動能」又稱為**溫度**。

不過，這裡所說的溫度並非我們日常生活中的溫度（攝氏溫度：單位為「℃」），而是指絕對溫度（單位為「K」）。兩者關係為「絕對溫度＝攝氏溫度＋273」。

熱

構成物質的所有原子（分子）加總起來的能量名叫**熱**。

以單原子分子理想氣體來說，所有原子（分子）擁有的能量（內能）可以表示為：

$$U = \frac{3}{2}nRT \text{（} n : 氣體物質量〔單位：莫耳〕 \quad R : 氣體常數）}$$

📖 人們是如何發現熱的真面目？

發現熱其實就是「**能量**」的人，正是英國科學家焦耳（James Prescott Joule）。這項發現約莫發生在1840年代，在這個年代裡，還有其他人發表各種與熱有關的論述。像是德國科學家邁爾（Julius Robert von Mayer）發表的論文，就預測了能量可以轉換成各種形態；同樣出身德國的亥姆霍茲（Hermann von Helmholtz），則是提出熱力學第一定律。就熱力學的發展歷程來說，可說是充滿奇蹟的年代。

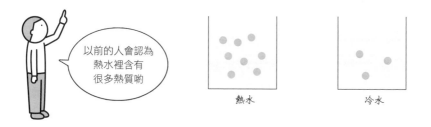

順帶一提，「熱質」的日文稱作「熱素」，英文為「caloric」。現在會使用的熱量單位「cal」（卡路里）便是源自於此。

當時雖然出現所謂的「熱質說」，但開始有人對其論述抱持疑問，其中一位就是倫福德（Rumford，在美國出生，活躍於英國與德國）。

倫福德曾在兵工廠負責監督大砲鑽孔的作業。當時的技術是仰賴馬的力量轉動砲身以便進行加工，過程中他發現刮削下的金屬粉屑會產生熱。他在產生摩擦熱的砲身周圍設置水槽進一步觀察，發現持續加工2個小時半後，水溫竟然變得滾沸。倫福德並不認為物質所包含的熱質能夠無限且不斷釋放出來，他認為所謂的熱，應該是原子、分子的無規律運動（熱運動），如此解釋比較合理。此時正值1798年。

就在1827年人們發現布朗運動後，倫福德這個論述的可信度就跟著變高。

21 熱的傳遞

熱的東西與冷的東西接觸後，兩者的溫度會逐漸接近，因為熱會從高溫物體傳導到低溫物體。

Point

熱量會被保存下來

熱的傳遞

當高溫物體與低溫物體接觸，兩者溫度最後會變得一樣，因為熱會從高溫物體移動至低溫物體。

這時關係式「**高溫物體釋出的熱量＝低溫物體接收的熱量**」得以成立。

熱量

物體釋放或接收到的熱量 Q 可表示為：

$$Q = mc\Delta T \quad (m：物體質量 \quad c：物體比熱 \quad \Delta T：物體溫度變化)$$

這裡的**比熱**，是指「1g物體溫度若要上升1℃所需的熱量」。

夾入導熱差的物品就能提高隔熱效果

在寒冷地區，如何提高建物的隔熱效果備受重視。正如 Point 所述，只要經過一段時間，兩個接觸的物體溫度就會相等。不過，以實際情況來看，家中室溫和外面的氣溫並沒有變得一樣，這是因為熱的傳遞並沒有想像中容易。

想要減緩熱從家中流失到室外，建議選用熱傳遞難易度指標，也就是**導熱係數**較低的建材。下頁表格列出了不同物質的導熱係數，其中又以空氣的導熱係數最低。

實際上，我們也常用雙層玻璃窗來提高隔熱效果，兩層玻璃之間就會灌入較不會導熱的空氣。

物　質	導熱係數
銅	403
鋁	236
不鏽鋼	$16.7 \sim 20.9$
玻璃	$0.55 \sim 0.75$
木材	$0.15 \sim 0.25$
聚苯乙烯	$0.10 \sim 0.14$
空氣	0.0241

另外，導熱過程中，溫度的變化方式也會依物體種類有所差異。假設我們在晴朗天氣前往海邊，就會發現沙灘非常熱，但海水卻不會很熱。

這是因為沙灘與海水的**比熱不同**所造成。「比熱」是指 1g 的物體，溫度若要上升 1℃ 所需的熱量，相較於水，沙子的比熱可是小了許多，所以一吸收熱量溫度會立刻攀升，變得炎熱。

另外，白天炎熱的沙灘也會因為比熱較小的緣故，到了晚上立刻降溫變冷。反觀，比熱大的海水卻看不出明顯的溫度變化，仍相當溫暖。

當我們掌握沙灘與海水的溫度變化差異後，就能進一步理解海岸風的吹拂機制。當白天的沙灘溫度升高時，溫暖的環境會形成上升氣流，使風從冰涼的海水朝陸地吹拂，達到降暑效果。相反地，入夜後沙灘的溫度會降低，產生下降氣流，形成從陸地吹往大海的風，減緩寒冷程度。

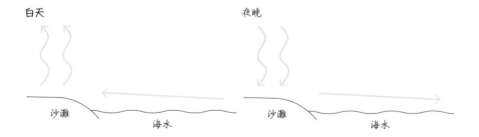

白天和夜晚的風向會像上面所說的改變，不過當海風和陸風交替時，就會形成無風狀態，日文又稱作「凪」。

22 熱膨脹

所謂物體變熱，就表示構成粒子的熱運動變劇烈的意思。粒子劇烈活動，會使物體總面積變大。

Point

無論在什麼狀態下，只要物體溫度上升就會膨脹

固體溫度上升的話，體積會變大，這個現象稱為**熱膨脹**。

液體溫度上升時也會跟著膨脹。不過，如果是水的話，0～4℃這段區間會隨溫度上升而收縮，超過4℃時才會隨著溫度升高而膨脹。

另外，氣體溫度上升也會膨脹。體積變化最顯著的就是氣體，在壓力不變的情況下，只要溫度變2倍，體積就會跟著變2倍（參照下一節）。

利用熱膨脹製作開關

應該不少人都認為，電車行駛的路線就是一條完全沒有接縫的軌道。但其實電車路線基本上是由一條條長25公尺的軌道拼接而成，軌道間都會有接縫。

刻意製作接縫，是考量到**鐵軌會因溫度產生收縮**。當溫度變高，軌道就會膨脹。如果是一條很長很長完全沒有接縫的軌道，遇到夏天高溫時，軌道就會膨脹變形，這可是非常危險，所以會設計類似下圖的接縫。有了這樣的接縫，即便軌道膨脹，也不用擔心過度變形。

順帶一提，新幹線的接縫形狀有經過特殊設計，所以行駛時不會發出「匡噹匡噹」的聲音喲。

鐵軌接縫　　　　　　　　　　　　　氣溫上升時

對了，列車行駛於青函隧道內的時候，長達52.6km的軌道完全沒使用接縫（世界最長）。這是因為隧道內一年四季的溫溼度幾乎不會有變化，所以不用擔心熱膨脹的問題。

`Business` 雙金屬片開關的原理

與熱膨脹應用有關的可不只列車路線，另外還有一個常見的例子，那就是雙金屬片開關。

雙金屬片（Bimetal）開關的「Bi」是指「2種」，以2種不同金屬材質疊製而成。

不同種類的金屬熱膨脹程度會有差異。假設金屬A的熱膨脹程度比金屬B大，那麼溫度上升時會形成下圖的彎曲模式。

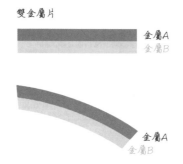

只要使用雙金屬片開關，就能自動做到「溫度上升時關閉，溫度下降時開啟」的機制。

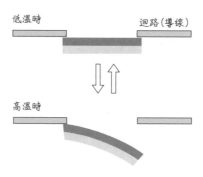

23 波以耳－查理定律

與固體和液體相比，氣體算是體積與壓力值較容易起變化的狀態。
這裡就來想想氣體狀態變化的方法。

Point

把波以耳定律和查理定律結合在一起會更好運用

波以耳定律

氣體溫度一定時，$pV = $ 定值（p：氣體壓力　V：氣體體積）

查理定律

氣體壓力一定時，$\dfrac{V}{T} = $ 定值（T：氣體絕對溫度）

提出這兩個定律的人和時間點雖然不同，但彙整結合後會更好運用。

$$\frac{pV}{T} = 定值$$

此稱為**波以耳－查理定律**。

我們能夠預測氣壓下降所帶來的體積變化

把壓扁的乒乓球浸在熱水的話，就能恢復成原本的形狀。這是因為球裡的氣體溫度上升，體積也跟著增加的緣故。

像這樣與日常生活現象連結後，我們就能理解什麼是波以耳－查理定律。

假設氣溫一定，空氣壓力變成 $\dfrac{9}{10}$ 倍，那麼空氣體積會膨脹成 $\dfrac{10}{9}$ 倍。只要利用此定律，就能具體算出氣體狀態會出現怎樣的變化。

為什麼搭飛機時耳朵會痛？

　　這個定律非常需要運用在氣壓變化劇烈的物品設計上。舉例來說，我們搭飛機時可能會出現耳朵痛的情況，而且特別容易出現在起飛升空之際。

　　這是因為隨著飛機的升空，**周圍氣壓會跟著下降**。氣體氣壓下降的話，體積會成反比增加。耳朵裡也有空氣，所以空氣膨脹後，耳朵就會出現疼痛感。

　　當飛機飛在10km高空時，氣壓會變非常低，大約只有地面的四分之一。人在這樣的氣壓環境下可會受不了，於是必須透過加壓調整機內氣壓，即便如此，機內的壓力大概只剩地面環境的0.8倍左右，因為壓力下降是無法避免空氣出現膨脹的。

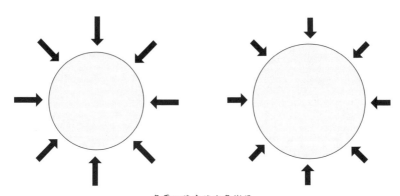

氣壓下降會使空氣膨脹

　　各位搭乘高樓大廈快速爬升的電梯時應該也有過類似經驗，其實道理一樣。急速上升會使氣壓下降，導致耳內空氣膨脹，出現疼痛感。

　　目前雖然已開發能高速移動的電梯，但其實我們也知道，搭乘這種電梯會對人體帶來許多負荷。因此在設計過程中，必須透過計算來掌握怎樣的負荷是人體可以承受的，這也讓我們能安心搭乘高速電梯。

氣體動力論

思考一個個肉眼看不見的微小氣體分子運動的模樣，就能透過簡潔的公式來表示氣體整體具備的能量。

Point

一個個分子碰撞的氣勢總和，就是氣體的壓力

動量變化

首先，讓我們針對一個氣體分子來思考。氣體分子如果像下圖一樣碰撞牆壁時，會形成「**氣體分子動量變化 $2mv_x$ ＝氣體分子承受來自牆壁的衝量**」的關係。

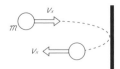

衝量

既然「氣體分子承受來自牆壁的衝量」與「牆壁承受來自氣體分子的衝量」一樣大，便可得知「**氣體分子每次碰撞牆壁時，牆壁會承受的衝量＝ $2mv_x$** 」。

接著繼續思考氣體分子碰撞牆壁的次數。我們把氣體分子來回碰撞容器壁面兩端視為一次碰撞。

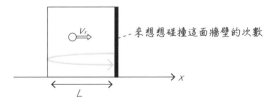

── 來想想碰撞這面牆壁的次數

換句話說，每前進 $2L$ 的距離相當於一次碰撞。

氣體分子每單位時間的前進距離為 v_x，所以每單位時間的碰撞次數會是 $\dfrac{v_x}{2L}$。

求出氣體的整體能量

Point所提到論述可以接續以下的探討。

既然「衝量」=「力×(受力)時間」,那麼「單位時間承受的衝量」就會是「受力」,根據Point的觀點加以彙整後:

牆壁承受1個分子所產生的力

=牆壁承受1個分子在單位時間內所帶來的衝量

=每次碰撞所承受的衝量 × 單位時間的碰撞次數

於是

$$= 2mv_x \times \frac{v_x}{2L}$$

$$= \frac{mv_x{}^2}{L}$$

再加上 $v_x{}^2 = \frac{1}{3}v^2$,因此「牆壁承受1個分子所產生的力 $= \frac{mv^2}{3L}$」。

因此,牆壁承受N個分子所產生的力為「$F = \dfrac{Nmv^2}{3L}$」,氣體帶來的壓力便是:

$$p = \frac{F}{L^2} = \frac{Nmv^2}{3L^3} = \frac{Nmv^2}{3V} \ (V:氣體體積)$$

把當中的項目交換位置後,將能求得氣體的整體能量

$$= \frac{1}{2}mv^2 \times N = \frac{3}{2}pV$$

由此可知,當我們**探討一個氣體分子的運動時,就能求出氣體的整體能量**。這時就能深刻理解到,微觀觀點對熱力學的重要性呢。

25 熱力學第一定律

當氣體的溫度、體積、壓力等狀態量出現變化時，周圍環境也會跟著出現熱或功的變化。

> **Point**

只有熱和功，才能增加氣體內能

熱力學第1法則

$$\Delta U = Q + W \quad (\Delta U：內能增加 \quad Q：吸收的熱 \quad W：做的功)$$

由此可得知下述幾件事。

- 當氣體接收來自外部的熱量 Q，氣體也會增加等量的內能
- 氣體釋放了多少的熱量 Q 至外部，氣體就會減少等量的內能
- 當氣體承受來自外部的功 W，氣體也會增加等量的內能
- 氣體釋放了多少的功 W 至外部，氣體就會減少等量的內能

📖 在絕熱狀態下，膨脹會使溫度下降，壓縮則會使溫度上升

氣體的內能與絕對溫度成正比。內能增加代表著氣體溫度上升。

我們比較容易理解氣體受熱後溫度會上升，不過較難搞懂為何承受功也會使溫度上升。在物理學，「施力所帶來的位移」就稱為「**功**」，因此氣體作功其實就是指「氣體被壓縮」的意思。

在此介紹一種名為壓縮點火器的實驗器具。先在管子裡塞入撕碎的小片紙張並用力壓緊，點火後紙張會燃燒，接著再透過按壓作功，就能讓溫度升高至500℃左右。

引擎內發生了什麼事？

其實在我們日常生活中，也可見氣體絕熱狀態時會產生的壓縮現象。雖然沒辦法直接肉眼看見，但引擎內部就存在著這樣的現象。

其中，又以柴油引擎絕熱壓縮所形成的空氣溫度上升最有幫助。柴油引擎燃燒並非使用一般汽油，而是柴油。汽油引擎是用火花將混有空氣的汽油點火燃燒。反觀，柴油引擎卻沒有火星塞。

與汽油相比，柴油較容易自燃，所以只要溫度夠高，即便沒有火花也能順利燃燒。柴油引擎就是抓準空氣壓縮變高溫的時間點噴射柴油，這樣柴油溫度也會變高並自燃。

相反地，在絕熱狀態下當空氣膨脹，溫度就會下降，其實這個現象也經常出現在你我生活中。

氣溫上升，空氣變暖時就會膨脹。空氣膨脹的話密度會變小。空氣一旦密度變小，就會上升，進而形成上升氣流。

空氣上升會愈飄愈高，那麼周圍的氣壓會下降，所以若空氣繼續膨脹，位置當然會愈來愈高。這時，空氣溫度會不斷下降。

當空氣降溫變冷，最終會形成水滴。其實，這些水滴是來自空氣中水蒸汽變成的液體。氣溫一旦下降，空氣中可容納的水蒸汽量（飽和水蒸汽量）會減少，使得水蒸汽變水滴，雲就是這麼誕生的。所以，空氣的絕熱膨脹會形成雲。

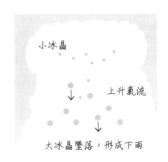

小冰晶

上升氣流

大冰晶墜落，形成下雨

26 熱機與熱效率

車輛引擎等利用熱來作功的裝置其實存在著效率問題。想要有效運用資源，如何提升效率可說非常重要。

Point

☝ 熱效率取決於吸收的熱量與釋放的熱量

吸收熱量轉化為功的裝置稱做**熱機**（Heat engine）。不過，吸收的熱量無法百分之百轉換為功。舉例來說，吸收100的熱可能只會轉換成30的功，剩餘的70就會變成廢熱（或餘熱，Waste heat）浪費掉。

這時，熱機的熱效率可以表示為：

$$e = \frac{W}{Q_1} = \frac{Q_1 - Q_2}{Q_1}$$

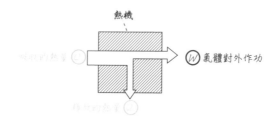

熱機

吸收的熱量　　　　　　　　　　Ｗ 氣體對外作功

釋放的熱量

📖 活用廢熱，提升整體熱效率

日本的電力來源基本上都依靠火力發電，具體來說是以燃燒天然氣、煤炭、石油等石化燃料的方式，將產生的熱用來轉動渦輪並發電。火力發電廠蒸汽渦輪機組的熱效率再怎麼好也不過0.5左右，這也意味著有一半的熱量都會變成廢熱。

汽車汽油引擎的熱效率更低，不超過0.32。

其實，只要是熱機，都無法避免能量損耗。

近年來有愈來愈多如何**活用廢熱的研究**。舉例來說，像是發電廠的選址位於溫泉區內，或是在發電廠旁附設溫水游泳池。只要利用發電廠的廢熱把水加熱，就能有效運用原本會浪費掉的能源。

另外，低溫環境下也能發電的史特林引擎（Stirling Engine）是近年相當受注目的裝置。史特林引擎是1816年由蘇格蘭牧師，同時也是發明家的史特林（Robert Stirling）所發明。當時的主流雖然是蒸汽機，但高壓鍋爐經常發生爆炸意外，使史特林引擎這款安全性較高的熱機備受關注。

不過，隨著高輸出的汽油與柴油引擎問世，輸出能力較小的史特林引擎就慢慢被取代。史特林引擎雖然只活躍了200年左右，卻具備只要達到300℃就能讓發電機轉動的優勢。

透過火力發電讓蒸汽渦輪機組運轉時，蒸汽溫度需要達到600℃。反觀，史特林引擎不用高溫就能發電。

如果是低溫就能發電的史特林引擎，其實工廠或船舶的廢熱也能作為發電運用。目前的確開始出現不少將過去捨棄掉的熱量進行小規模發電的嘗試。

史特林引擎的結構，如下圖所示。

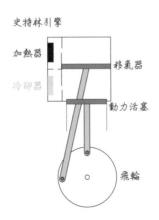

汽缸裡頭填入高壓氣體，最常見的氣體是分子尺寸小，且容易導熱的氦氣。

這時會利用移氣器（Displacer）控制，讓加熱器加熱其中一邊，並透過冷卻器冷卻另一邊。與其在同個地點做加熱與冷卻間的切換，這個方法的效率反而更好。

接著來談談史特林引擎的運轉機制。假設移氣器往下移動，那麼氣體會從冷卻端往加熱端移動。

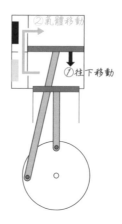

氣體移動後，高溫氣體會愈來愈多。當氣體溫度上升，壓力也會跟著變大，這也使得汽缸內部整體的壓力變大。隨著壓力的增加，動力活塞就會往下壓。

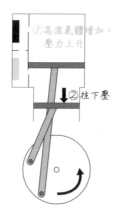

在慣性的帶動下，飛輪會持續轉動，這時動力活塞和移氣器也跟著轉為上升。

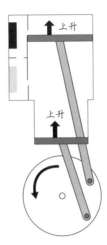

　　這時，氣體會改從加熱端朝冷卻端移動。也因為汽缸內的整體氣壓下降，所以會把動力活塞繼續往上推。

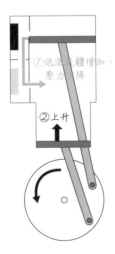

　　只要不斷重複這個過程，飛輪就能持續轉動。接著在飛輪處安裝磁鐵與線圈，便能透過電磁感應產生電流。

　　把發電產生的熱能投入熱水供應或冷暖氣設備加以運用，這種廢熱再利用的機制又名為汽電共生系統，目前這套系統的開發更結合了史特林引擎。

感覺恐怖都是因為離心力？

　　東京晴空塔等高樓建築的電梯已經發展到能在短時間內長距離移動。想縮短移動時間，就必須加速，這也會使離心力變大，所以設計電梯時，可不能只想著加快速度就好，以東京晴空塔的電梯來說，更考量到如何避免對搭乘者帶來過大的負荷。

　　進行圓周運動時所感受到的離心力又名為慣性力。我們可以把車子轉彎瞬間視為圓周運動（其中一段過程）。邊加速邊急彎時會讓人覺得恐怖，這是因為人體感受到離心力的緣故。速度愈快，離心力就愈大。

　　遊樂園裡的許多設施也都會形成離心力。離心力太小會讓搭乘者覺得無趣，但是太大可會讓身體承受不住，甚至帶來極大的風險。因此設計者會加以計算評估，為遊樂設施訂出最合適的速度。

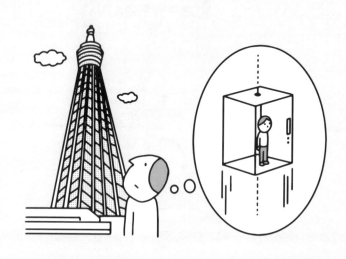

Chapter

02

物理篇
波動

聲音和光線都屬於波動

我們身邊存在著各式各樣的波動。其中，聲波和光波更是生活中不可少的波動。舉例來說，聲波在空氣中傳遞時，空氣分子會扮演著傳遞的角色（**介質**）。藉由空氣分子振動，才能傳遞聲音，所以真空環境下是聽不到聲音的。

那麼，同為波動的光波又是什麼情況呢？即便是在外太空這類真空狀態的環境，光波還是能順利前進。照理說要有傳遞的角色才會構成波動，但是光波卻看不見介質的存在。這雖然令人感到不可思議，卻也說得上是光線的深奧呢。

高中物理會先教構成一般波動的原理。這個原理不僅能套用在聲波、光波上，就連水面或繩索傳遞的各種波動也都適用。

在學會基本原理後，接著會接觸你我身邊最常見的波動，也就是**聲波**。關於聲波有個部分要請各位特別留意，那就是本章解說也會提到的聲波都是縱波。

近期，京都大學與大阪大學的入學考試曾出現過和聲波有關的出題瑕疵，引起不小的話題。追根究柢，就會發現聲波即是縱波的事實，卻也因為肉眼看不見聲波，所以很容易搞錯。

波動章節的最後會認識光的原理。正如上面所述，光波是很特別的存在。如果能理解光的特性，就能將其運用在各種產業。

光的不可思議，甚至成了愛因斯坦發現相對論的起點。雖然光就在你我身邊，仔細想想卻能發現許多有趣之處呢。

若要作為文化知識學習

當我們針對光的部分做深入探討，將能發現許多奇特之處。像是「如果人以光速移動，會出現什麼樣的變化？」「以光速追光，會發生什麼事？」「有什麼東西的速度比光更快？」實在令人意猶未盡。

對這些疑問打破沙鍋問到底，最後就會得到相對論。如果要拓寬物理學的視野，波動可是絕對少不了的環節呢。

對於工作上需要的人而言

光學儀器設計必須充分掌握光的特性。若要開發音響設備，甚至是設計表演廳的音響，則需要了解聲波特性。

對考生而言

波動是繼力學和電磁學之後最常見的題型。雖然是程度相當容易出現落差的範疇，但只要確實掌握經典題型，絕對能順利得分。從這個角度來看，會發現波動是容易理解的範疇，請考生們確實打好基礎。

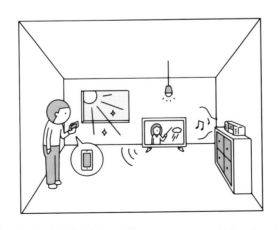

01 波的呈現方式

有時我們能夠肉眼看見水面波紋等波形，但不見得所有的波都是如此。波的類型多樣，先讓我們來掌握這些波的共通性。

Point

波動可用三角函數呈現

介質

能傳遞波的物質稱作**介質**。波朝固定方向傳遞時，介質本身並不會移動，只會在所處的位置反覆振動。介質會像以錯開時間點的方式緩慢振動，將完整的波形傳遞出去。

介質振動所需的時間與次數

介質振動1次所花費的時間稱為**週期 T**，每秒振動的次數稱為**頻率 f**。兩者為「$f = \dfrac{1}{T}$」的倒數關係。只要介質振動1次，就代表移動了1個波形。

1個波形的長度

1個完整波形的長度稱為**波長 λ**。換句話說，只要經過週期 T 的時間，波就會移動相當於波長 λ 的距離，這時便能求出傳遞波的速度 v 為「$v = \dfrac{\lambda}{T}$」。

如果再搭配波的振幅 A（介質的振動幅度，即從振動的中心點到振動末端的最大距離），時間 t 的位移表示如下：

$$y = A \sin \frac{2\pi}{T} t \text{（時間 } t = 0 \text{ 時，從相位0開始振動的前提下）}$$

這裡 $\sin\bigcirc$ 的 $\bigcirc$（相當於角度）就稱作**相位**。

📖 用圖形呈現波的時候，要特別留意橫軸！

我們有時會用示波器來解析聲波波形、也會藉由波形表示地震的搖晃，其實呈現波的圖形可以運用在許多場合。

這時，最關鍵的會是**橫軸**代表什麼？

以圖形呈現波的時候，可能會把橫軸視為「位置 x」，也有可能視為「時間 t」，例如右圖便是橫軸為「位置 x」的圖形。

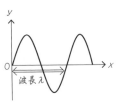

重點在於圖中呈現出某個時間所代表的點，所以可以看出某個瞬間或位置的位移狀態，而波傳遞時的模樣就能以這樣的一張圖形來呈現。

圖中⇔的長度代表**波的長度**。這張圖形呈現的即是波形本身，所以1個波的長度就相當於波長。

接著，讓我們繼續來看橫軸為「時間 t」的圖形。

這裡要注意，圖形所呈現的是某個位置，也就是某一點隨著時間的變化會出現怎樣的位移，所以也可視為單擺狀態的呈現。

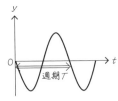

不過，這張圖形裡⇔的長度並不是指波長，看這類圖形的時候，很容易把⇔誤認為波長。既然橫軸是指「時間 t」，⇔當然就不可能代表波的長度。

這裡⇔的長度是指**波的週期**。也就是每振動1次需要花費的時間，這樣各位應該會比較容易理解⇔長度所代表的涵義。

所以，探討波的圖形時，要先確認橫軸究竟代表什麼。若不先掌握橫軸為何，就算搭配圖形也無法呈現出正確內容。

02 縱波與橫波

介質振動會將波傳遞出去，而傳遞的方式又可分成兩種，兩者間的差異代表著不同波的種類。

 Point

有疏密之分的是縱波

說到一般的「波」，我們會聯想到繩子搖晃出現像右圖一樣的振動模樣。

不過，其實還有其他類型的波。舉例來說，如果抓住水平彈簧的單邊左右搖晃，彈簧就會出現下圖的振動。

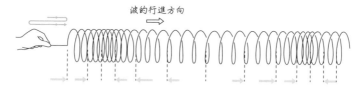

波的行進方向

乍看之下，很難把這樣的振動與「波形」畫上等號。不過，以錯開時間點的方式，將波形傳遞出去這部分的確一樣，所以是波沒錯。

由此可知，波有兩種類型，彙整後內容如下。

- 橫波＝介質的振動方向與波的傳遞方向垂直的波
- 縱波＝介質的振動方向與波的傳遞方向水平的波

出現縱波時，如果固定盯著一個點，便能察覺波會重複出現「疏」與「密」兩種狀態。這也意味著縱波會傳遞疏密，所以又名叫**疏密波**。

📖 為什麼地震會出現兩種搖法？

我們已知光是**橫波**，而聲波是**縱波**，因為空氣會朝聲波傳遞的方向振動。

一般會以這樣的方式辨別究竟是縱波還是橫波。不過，有些波無法具體歸類，像是**水面波**。

目前已知水面波的介質水會出現下面這些振動。

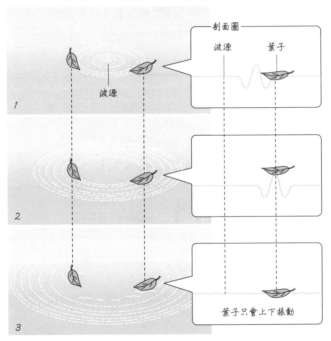

水面波的模樣

水面波傳遞時，水會像畫圓一樣地振動，且同時存在與波的行進方向垂直以及水平的振動。

我們知道地震的震波可以分成縱波與橫波。地震的縱波又稱為P波，會較早傳遞出去；橫波亦稱作S波，傳遞的時間較慢。

P波傳來時，會開始初期微震。P波的傳遞幾乎會與地面平行，所以搖晃程度並不會非常劇烈。

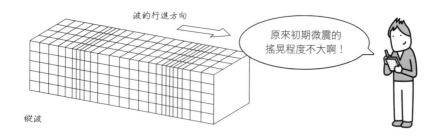

相對地，當 S 波傳來時，會開始出現劇烈的搖晃（主震）。此時 S 波的傳遞方向是與地面垂直，所以是上下振動的波，因此晃動幅度將變得更明顯。

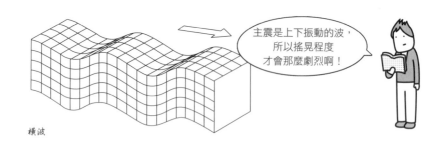

Business 想像地球內部的模樣

P 波和 S 波的差異不只在於搖晃的劇烈程度，傳遞的範圍也會不同。假設地球內部就像下頁圖片所示。

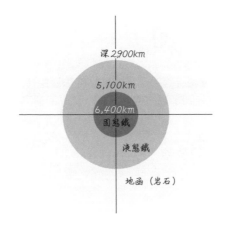

深 2900km

5,100km

6,400km

固態鐵

液態鐵

地函（岩石）

　　這裡的縱波，也就是 P 波能透過固體、液體、氣體各種形態傳遞，所以能抵達地球內部的任何地點。即便地球內部發生地震，只要震波是 P 波，我們就有辦法觀測到（儘管可能會很微弱）。

　　然而，橫波的 S 波只能在固體中傳遞。地球內部有一部分是由液體構成，這些區域就沒辦法傳遞橫波。

　　人們就是運用這兩種波的特性差異，來掌握地球內部無法親眼觀測到的模樣。

　　研究後，我們發現地球內部的詳細模樣如下。

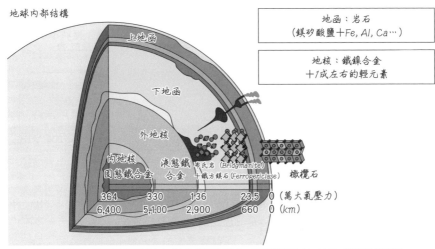

地球內部結構

上地函

下地函

外地核

內地核
固態鐵合金

液態鐵
合金

布氏岩 (Bridgmanite)
+鐵方鎂石 (Ferropericlase)

橄欖石

地函：岩石
（鎂矽酸鹽＋Fe, Al, Ca…）

地核：鐵鎳合金
＋1成左右的輕元素

| 364 | 330 | 136 | 23.5 | 0 （萬大氣壓力） |
| 6,400 | 5,100 | 2,900 | 660 | 0 （km） |

出處：根據日本國立大學研究所暨研究中心「未踏の領野に挑む、知の開拓者たち vol.55」刊載之圖片製成
URL：http://shochou-kaigi.org/interview/interview_55/

03 波的疊加

如果多個波同時傳遞至某個地點時會發生什麼事？以物體來說，不可能出現多個物體同時存在於同一地點的情況，但是波就有可能。

Point

用加法求出波的位移

波的疊加

當某個地點同時存在波1帶來的位移 y_1 和波2帶來的位移 y_2，那麼該地點的位移結果會是「$y = y_1 + y_2$」，這又稱為**波的疊加**。

當波長、振幅、週期都一樣的兩個正弦波沿著直線逆向前進並交疊在一起時，就會產生下述的合成波。

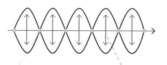

波節：靜止不振動的位置　　　波腹：振幅最大的位置

駐波

這種合成波看起來既沒有向左、也沒有向右前進，所以又稱為**駐波**。駐波振動幅度最大的位置稱為波腹，完全靜止不振動的位置則稱作波節。

📖 不會發生震波的設計

波的疊加其實也會出現在各種場面。

2013年俄羅斯烏拉爾地區發生隕石墜落爆炸事件，受害範圍達半徑100km。會發生如此嚴重的災害，是因為比音速還快的隕石墜落後，形成了震波。

當物體的前進速度超過音速（約340km/h）時就會產生震波。

物體速度 V > 音速 v 時

時間0 　物體 ▶

時間T

物體在時間0發出的聲波

VT

VT

剛開始會形成這樣的波面

時間2T

在時間0發出的聲波

2vT　　T

在時間T發出的聲波

2VT

接著形成的波面中心位置會錯開

時間3T

在時間0發出的聲波

3vT

在時間T發出的聲波

在時間2T發出的聲波

3VT

許多中心位置錯開的波面疊加，
形成震波

⇩

大量聲波重疊＝衝擊波

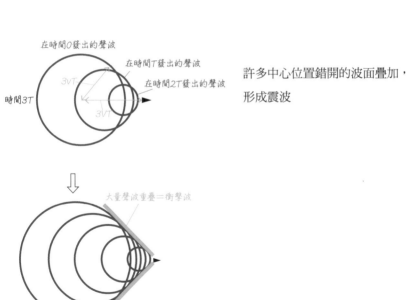

　　當許多聲波疊加在一起時，就會像上圖一樣，形成強烈的衝擊（震波）。一旦發生震波，將出現**音爆或爆震波**。

04 波的反射、折射、繞射

波不見得都是筆直前進，當波接觸到某些東西可能會反射，傳遞環境改變時也會轉向，甚至散開來。

 Point

波的折射只會出現在介質改變時

反射定律

波接觸到某些東西時可能會反射，並滿足下面的反射定律。

反射定律：$\sin i = \sin r$

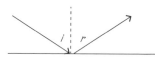

折射定律：$\sin i = \sin r$

折射

波從某個介質進入另一介質時，行進方向會跟著改變。此現象稱為**折射**，波會在滿足下述折射定律的前提下前進。

折射定律：

$$\frac{\sin i}{\sin r} = \frac{v_1}{v_2} = \frac{\lambda_1}{\lambda_2} = \frac{n_2}{n_1}$$

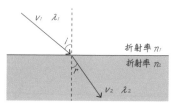

繞射

光朝板子狹縫或物體前進時，我們將發現光會從板子狹縫或物體邊緣透出並散開來，此現象稱為**繞射**。

與波的波長相比，當狹縫或物體尺寸愈小，繞射程度就會愈明顯。

為什麼冬天夜晚能聽到遠方的聲音？

水面波有個特性，那就是在水深愈深的地方，行進速度愈快，所以波浪靠近海岸時，前進速度會變緩慢。

這也是為什麼「波浪會與海岸線平行前進」的緣故。其實，波浪會從各個方向朝海岸前進，但很奇妙的是，當波浪一靠近海岸，就一定會與海岸線平行。仔細想想真是不可思議呢。

我們可以用下圖來說明為何會有這樣的現象。

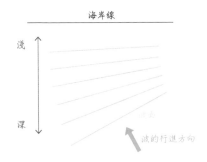

以上圖來說，波面右側朝淺處前進，左側則是朝深處前進。這時，深處的速度會比較快，使波面方向出現如圖般的改變，所以波面會慢慢地與海岸線平行。

像這種波行進方向改變的現象就稱作**折射**。無論波浪來自哪個方向，最終都會因為折射的關係與海岸線平行。同樣的現象其實也會發生在空氣中，那就是聲波的折射現象。

氣溫愈高，音速愈快，所以當上空的氣溫變高，聲音就會出現右圖般的折射。

這個現象容易出現在冬季夜晚。冬天入夜後由於輻射冷卻效應，熱會往高空竄逃，所以愈往上空氣溫愈高。這時地面發出的聲音會因折射而得以傳至遠方。

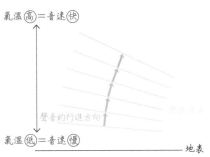

05 波的干涉

波疊加時，某些位置的疊加效果可能會比較強烈，但有些位置卻會比較薄弱。

Point

當兩個波的相位一致，疊加後會增強；相位相反時，疊加後則會減弱

　　兩個波同時抵達某個點的時候會出現疊加。兩波疊加後有可能會增強，使振動加劇，但也有可能因此減弱，甚至停止振動，這個現象稱為**波的干涉**。

　　下面是兩個波會形成的干涉結果。

● 兩波疊加後最強的點：兩波源的距離差＝波長 × 整數倍
● 兩波疊加後最弱的點：兩波源的距離差＝波長 × $\left(\text{整數} + \dfrac{1}{2}\right)$

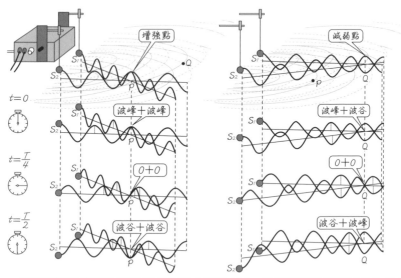

　　假設兩個正弦波疊加後形成駐波（參照 **03**），駐波波腹就是兩波疊加後最強的點，波節則是最弱的點。

📖 利用波的干涉消除噪音

地球上充斥著各式各樣的波，包含了光波、聲波以及（肉眼不可見的）電波等。

當許多電波同時發出，就會產生干涉。隨著無線區域網路的普及，存在於生活環境中的電波更是不斷增加。然而，電波干涉卻也會造成雜音。

話雖如此，**我們還是能利用干涉來消除噪音。**

噪音問題對於交通網絡極為發達的現代社會是相當重大的課題。住在新幹線或高速公路沿線周圍的人應該都會受噪音所擾。

面對噪音問題時，不少人會選擇裝設隔音牆來因應，不過光靠隔音牆很難完全阻絕噪音。目前認為，**利用聲波干涉**是阻絕噪音最有效的方法。

聲波干涉後可能會因此增強，但如果是下述的相位關係則會減弱。當兩個聲波的相位正好相反，且振幅一致，那麼彼此就會相抵消。

想要消除的聲波（噪音）

人工形成的聲波

我們分析了各種場合會發生哪些噪音後，再以人工方式產生與這些噪音反相的聲波，如此就能有效消除噪音了。

💻 Business 降噪原理

降噪功能其實也被運用在耳機產品。

在飛機上聆聽音樂時，飛機的引擎聲會讓人覺得很吵。這時可以透過麥克風收集引擎噪音，利用內部迴路立刻產生反相聲波，藉此抵消掉引擎聲。多虧了這個原理，讓我們就算在飛機上也能愉快聽音樂呢。

上述原理就稱為降噪。用追加聲波的方式來消除聲波，聽起來似乎很不可思議，卻充分運用了波的特性呢。

06 聲波

傳遞於空氣中的聲波為縱波。這也代表著空氣的疏密變化（壓力變化）傳遞出去後的產物就是聲波。

Point
聲音高低取決於振動頻率

聲波在空氣中的傳遞速度大約是340m/s。

不過，嚴格來說應該是

$$V = 331.5 + 0.6t（V：音速　t：溫度（℃））$$

所以氣溫也會造成些許影響。

聲波也能傳遞於空氣除外的介質中。聲波在固體中的傳遞速度最快，以鐵為例，速度可達6,000m/s左右。

如果是液體介質，在水中的傳遞速度約為1,500m/s。

介質為氣體時，重量愈輕的氣體傳遞速度愈快。例如氫氣環境中的聲音傳遞速度為970m/s。

聲音的高低差異取決於**振動頻率**（介質每秒的振動次數）。頻率愈大，音調愈高。人類耳朵可以聽見的聲音大約介於20～20,000Hz的範圍之內。

📖 聽不見的聲音也能帶來幫助

人類無法聽見頻率超過20,000Hz的聲音，這種聲波又稱為**超音波**。雖然我們聽不見超音波，卻懂得把超音波運用在各種用途，例如清洗眼鏡或金屬表面。把想要清洗的物品放入水中，接著啟動超音波，超音波每秒能振動2萬次以上，所以能藉由劇烈振動去除髒污。

泡麵工廠也會使用到超音波，像是麵碗封蓋的時候。封蓋所用的不是黏著劑，而

是在封蓋處接觸超音波。那麼超音波所產生的能量會熔化接觸面，瞬間就能完成封蓋作業。連接IC（積體電路）細導線時也是用此方法。

超音波其實也可見於人體檢測。具體來說就是朝內臟發送超音波，藉由分析反射回來的超音波來掌握體內狀態。

有些動物則是聽得見人類無法聽見的超音波，例如蝙蝠。蝙蝠本身會發出5萬～10萬Hz的超音波，並根據聲波反射回來所需的時間，掌握與物體間的距離。另外，當物體距離愈近，反射音會愈強，所以從反射音的強弱也能得知距離遠近。

不只如此，當超音波接觸到活動中的昆蟲後反彈回來時，根據都卜勒效應（參照08），超音波的頻率會跟著改變，那麼蝙蝠就能從頻率的變化幅度掌握到昆蟲的移動速度。

海豚也是會自己發出並且接收超音波的動物。水族館裡的海豚會偵測從水槽壁反彈回來的超音波，避免自己撞壁呢。

頻率太低的聲音也會聽不見

相反地，頻率低於20Hz的聲波稱為**低週波**，這也是人類無法聽見的音頻。

當直升機的螺旋槳開始轉動，最初轉速很慢時，我們不會注意到螺旋槳有發出聲波。但隨著轉速增加，就會慢慢聽見很大的轉動聲。

這並不代表螺旋槳慢慢轉動時不會發出聲音，其實無論轉速快慢，螺旋槳一旦旋轉就會使周圍空氣振動，發出聲波。轉速尚慢時，聲音頻率很低，所以聽不見，但其實轉動的當下就已經開始產生人耳聽不見的低週波了。

我們雖然聽不見低週波，但低週波普遍存在於你我身旁。其實人的皮膚會出現微弱的振動（Micro-vibration），所以人體隨時都會發出8～12Hz的微弱低週波。

07 弦與空氣柱的振動

會發出優美音色的樂器種類相當繁多。大致上可分成弦樂器和管樂器，但無論何者都能發出特定頻率的振動，形成聲波。

基本振動疊加後就會產生音色

將弦的兩邊固定並拉緊，撥動弦的正中央，這時弦會以特定頻率振動。

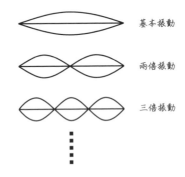

基本振動

兩倍振動

三倍振動

弦會產生上述幾種駐波，由上而下分別稱為**基本振動**、**兩倍振動**、**三倍振動**……。因為波長變短的話，振動頻率就會變大。各頻率會依照基本振動的倍數來命名。

假設弦長為 L，基本振動的波長就會是 $2L$。根據 $v=f\lambda$，就能以「振動 $f=\dfrac{v}{2L}$」求出基本振動的頻率。兩倍振動就會是該頻率的 2 倍，三倍振動也能以此為基準求得。

實際撥弦使其振動的話，將同時發生幾個不同頻率的聲波，這些聲波疊加後便會形成樂器獨特的音色。

管樂其實也一樣。不過要特別注意的是，當管子兩端皆開（開管），或是一端開一端閉（閉管），形成的駐波會像下頁圖片一樣出現差異。

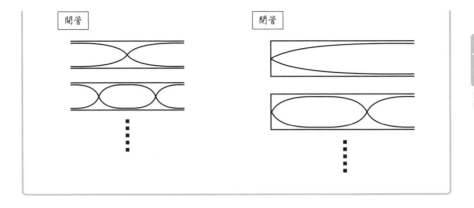

為什麼身形龐大的人聲音較低？

一般而言，身形龐大的男性多半聲音較低沉，這其實也能用**空氣柱共鳴**來解釋。人體發出聲音的機制如下。

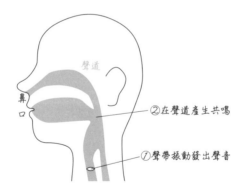

男性的聲道多半會比較長。看來，身形較為龐大者，聲道長度也會跟著較長。

這麼說來，龐大身形的男性從聲道發聲後，形成共鳴的空氣柱也會比較長，所以將形成振動頻率較小（低）的聲音。

對了，當男孩在青春期轉變為成人的身體時，喉結會前突，聲道也會跟著被拉伸變長，這也是男孩變聲（低沉）的原因。

08 都卜勒效應

發出聲波的物體移動時，聲調聽起來會跟原本的不太一樣。這個現象名叫都卜勒效應，常見於你我身邊。

> **Point**
> ## 聲音頻率出現變化是因為波長改變

都卜勒效應

都卜勒效應是指聲音高低（頻率）的變化，但會有這樣的變化，是因為聲波波長改變。想要正確掌握都卜勒效應，就必須先**了解波長的改變**。

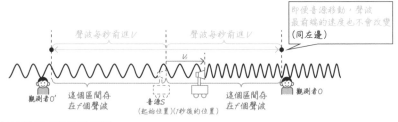

前方、後方的波長

從上圖可知，當音源一邊移動，一邊發出聲波時，其波長如下。

- 前方波長　$\lambda' = \dfrac{V - v_s}{f}$

- 後方波長　$\lambda'' = \dfrac{V + v_s}{f}$

音源前方、後方聽見的頻率

我們也知道，音源移動時，聲波的傳遞速度 V 不會改變，所以可以導出下述公式。

- 音源前方所聽見的頻率　$f' = \dfrac{V}{\lambda'} = \dfrac{V}{V - v_s} f$

- 音源後方所聽見的頻率　$f'' = \dfrac{V}{\lambda''} = \dfrac{V}{V + v_s} f$

📖 用都卜勒效應觀測氣象

救護車的鳴笛聲應該是你我身邊最常見的都卜勒效應。當救護車愈來愈靠近自己所在的位置時，鳴笛聲聽起來會變尖銳，遠離時又會變低沉。

都卜勒效應的本質，其實就是**波長的改變**，所以聲波以外的波也會發生都卜勒效應。

舉例來說，我們在觀測星體時會確認星體發出的光波波長有無變化。如果波長比原本的短，就表示星體正在靠近地球；如果波長變長，則是指星體正在遠離地球。

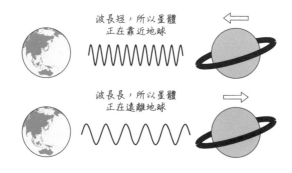

波長短，所以星體
正在靠近地球

波長長，所以星體
正在遠離地球

💻 Business　都卜勒效應如何活用在氣象觀測？

緊急災害應變在現代社會中是重要的課題，如何透過氣象觀測做出準確的評估與判讀也愈趨重要，而都卜勒效應同樣能帶來相當的幫助。

氣象觀測會使用氣象雷達，這是一種能發出短波長電波，也就是微波的裝置。氣象雷達會朝雲發射微波，並測定微波反射回來後的波長。

如果雲往雷達靠近，照理說反射後的微波波長會變短。相反地，當雲遠去，波長就會變長。如果能進一步掌握波長的變化幅度，甚至能得知雲的移動速度。

用這個方法也能測出上空的風吹速度。

09 光

我們之所以能看見東西，都要多虧有光的存在。不過，如果沒有正確了解光的特性，可是會不小心落入光的陷阱。

👆 **Point**

人類只能看見極少部分的光

我們能夠看見的光名叫**可見光**，波長介於$3.8 \times 10^{-7} \sim 7.7 \times 10^{-7}$ m間。

光的波長由長到短，呈現「紅、橙、黃、綠、藍、紫」的顏色變化。

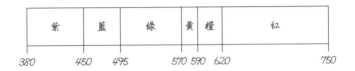

紫	藍	綠	黃	橙	紅
380	450	495	570	590 620	750

然而，世界上可不只有這些光。我們可以從下表得知其實還存在著各式各樣波長的光。

		名　稱	波　長	頻　率
電波		VLF（極低頻）	$10 \sim 100$ km	$3 \sim 30$ kHz
		LF（低頻）	$1 \sim 10$ km	$30 \sim 300$ kHz
		MF（中頻）	100 m ~ 1 km	$300 \sim 3,000$ kHz
		HF（高頻）	$10 \sim 100$ m	$3 \sim 30$ MHz
		VHF（特高頻）	$1 \sim 10$ m	$30 \sim 300$ MHz
	微波	UHF（超高頻）	10 cm ~ 1 m	$300 \sim 3,000$ MHz
		SHF（極高頻）	$1 \sim 10$ cm	$3 \sim 30$ GHz
		EHF（至高頻）	1 mm ~ 1 cm	$30 \sim 300$ GHz
		次毫米波	$100\ \mu$m ~ 1 mm	$300 \sim 3,000$ GHz
		紅外線	770 nm $\sim 100\ \mu$m	$3 \sim 400$ THz
		可見光	$380 \sim 770$ nm	$400 \sim 790$ THz
		紫外線	~ 380 nm	790 THz $\sim$
		X光	~ 1 nm	30 PHz $\sim$
		γ射線	~ 0.01 nm	3 EHz

📖 人類能看見的光只是極少部分

Point表格所列舉的光波，人類其實只能看見極少部分。

光的波長雖然有長有短，但是**傳遞速度**全都一樣。光會以$3.0 \times 10^8 \mathrm{m/s}$左右的速度前進，等於1秒就可以繞行地球7圈半，是世界上最快的速度。

📖 我們眼睛所見的全是過去式

我們眼睛所見的，全是已經發生過的事物。夜空中大量星星閃耀，其中有些早在數億年前就釋出光芒，有些星星雖然閃亮，實際上卻已經不存在這世上。

太陽光其實也是8分20秒前就已經發出，所以我們只能看見8分20秒前的太陽，無法看見最即時的太陽。

我們眼前所見的人也是過去式，雖然時間差距很短，相當於光傳遞過來的時間。這時間真的非常非常短暫，等到光抵達眼睛，經由腦部加以處理資訊的時間反而更長。

人類有個名叫**閃光滯後**（Flash lag）的能力，那就是能夠補償腦部處理所形成的認知時間差距。舉下例說明。

觀測者

假設有個物體像上圖一樣，從觀測者眼前通過。觀測者會藉由物體在位置A時的光線，掌握對物體的認知。不過，腦部需要時間處理資訊，所以要花點時間才會完成認知。就在觀測者認知完成物體的瞬間，物體已經來到比A更前方的位置。

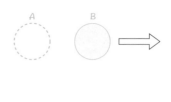

觀測者

觀測者認知到物體在「位置A」的時候，其實物體已經來到位置B

　　人類會因為腦部需要時間處理資訊，導致無法即時掌握移動物體的確切位置，但其實我們具備一種補償能力。有了這種能力，人類就能依照物體的移動速度，搭配光抵達時的資訊，認知到物體的位置其實會比眼睛所見的位置再往前些（會下意識地產生這種認知），這就稱為閃光滯後效應。

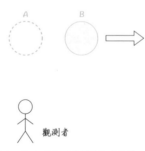

觀測者

看見物體從A發出的光，認知到物體其實是在「位置B」＝閃光滯後效應

　　就我們自己的認知來說，會認為這是無意識情況下所產生的錯覺，但其實從物理角度來看卻會得到這樣的解讀，是不是非常有趣呢？

[Business] 很多越位違規都是誤判？

　　閃光滯後效應能幫助我們掌握移動物體的正確位置，卻也會帶來一些困擾。足球的越位（offside）誤判就是最典型的例子。

閃光滯後效應只會對移動物體產生影響。我們在掌握靜止物體時雖然也會出現時間差，但因為物體位置固定，所以不會造成問題。

然而，當觀測者同時看著移動物體和靜止物體時，就會出現以下的認知。

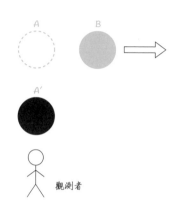

當觀測者同時看著二物體分別在位置A、A'釋出的光線，
會誤以為物體的位置是B和A'

閃光滯後效應只會作用在移動物體上，即便同一時刻兩個物體真的處於並列位置，視覺上卻會給人單方往前衝的感覺。所以在足球比賽時，如果上圖的藍圈是攻擊方，黑圈是防守後衛，就算攻擊方沒有越位，閃光滯後效應卻也會讓裁判誤認為有越位。

10 透鏡成像

想要組成相機等光學儀器，需要的材料可少不了透鏡。這裡就讓我們來了解一下透鏡會帶來什麼樣的作用。

Point

透鏡成像有2種

假設使用凸透鏡，會形成下面的像。

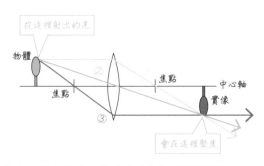

這時光會聚焦在一點上成像，此時形成的像又稱作**實像**。

實像形成機制

掌握實像形成機制的三個關鍵。

● 與光軸平行的光會折射並通過焦點

● 通過透鏡中心的光會直線傳遞

● 通過焦點的光折射後會與光軸平行

虛像形成機制

接著，使用凹透鏡的話，就能以下頁的方式成像。

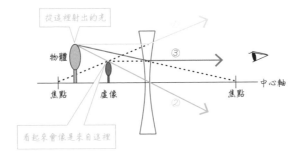

從這裡射出的光

物體

焦點　　　　虛像　　　　　　　　　　　　　　焦點

中心軸

③

②

看起來會像是來自這裡

這時，成像位置實際上並沒有聚集光線。只能說看起來似乎有個成像，所以稱為**虛像**。

構成虛像有三個關鍵。

● 與中心軸平行的光看起來會通過焦點

● 通過透鏡中心的光會直線傳遞

● 朝焦點前進的光折射後會與光軸平行

把2種不同性質的透鏡加以組合

我們可以利用以下的**成像公式**，算出透鏡會在哪個位置形成多大的成像。

$$\frac{1}{a} + \frac{1}{b} = \frac{1}{f}$$

a：透鏡和物體的距離（凸透鏡：會是＋　凹透鏡：會是－）

b：透鏡和成像的距離（若是＋：實像　若是－：虛像）

f：焦距

透鏡倍率 $= \left| \dfrac{b}{a} \right|$

有了這個公式，遇到下面情況時就會知道該怎麼思考。

有個焦距10公分的凸透鏡，透鏡前方20公分處有個與光軸垂直，高20公分的物體。請回答下列問題。

(1) 物體成像會在哪個位置（也要回答會在透鏡前方或後方）？

(2) (1)的成像是實像，還是虛像？

(3) 求出(1)成像的大小

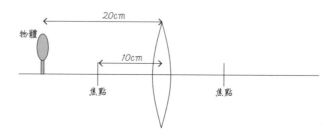

(1) 使用成像公式，$\dfrac{1}{20} + \dfrac{1}{b} = \dfrac{1}{10}$

$b = \underline{20\,\text{cm}}$　　$b > 0$，所以會構成實像，那麼成像位置會在透鏡後方。

(2) 實像

(3) 倍率 $= \left| \dfrac{b}{a} \right| = \dfrac{20}{20} = 1$

所以，成像大小會和物體一樣，都是 $\underline{20\,\text{cm}}$

⌨️ Business 人類為什麼能看見物體？

你我身邊最常見的透鏡，其實就是眼睛裡的水晶體。人類有辦法看見物體，是因為光線進入眼睛後會在水晶體產生折射，並成像於視網膜上。

成像於視網膜上

不過，如果無法順利成像於視網膜上，東西看起來就會模糊不清晰。無法順利成

像於視網膜上的情況有兩種，分別是成像於視網膜前以及視網膜之後，前者稱為**近視**，後者則為**遠視**。

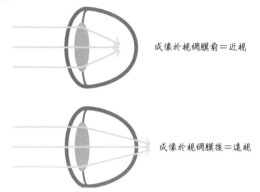

成像於視網膜前＝近視

成像於視網膜後＝遠視

近視和遠視的情況相反，處理方式也完全不同。如果是近視，就要讓成像落在更後方，遠視則必須讓成像落在前方位置。

所以，近視用鏡片（眼鏡或隱形眼鏡）會使用凹透鏡。在凹透鏡的幫助下，才能將成像位置往後移動。

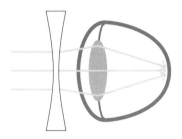

相反地，遠視會需要使用凸透鏡，有了凸透鏡才能讓成像位置往前移。

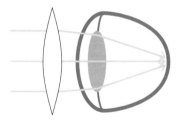

最近流行的遠近兩用鏡片則是結合兩者功能，既能看遠也能看近。

11 光的干涉

既然光也是一種波，當然就會干涉。只要充分運用這項特性，就能把光的能量發揮到最極限。

Point

☝ 要從不同模式了解什麼是光的干涉

下面彙整出幾個光常見的干涉模式。

楊氏實驗（首次發現光的干涉）

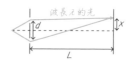

先記住　　$\boxed{\text{兩束光的光程差} = \dfrac{dx}{L}}$

⬇

滿足　$\boxed{\dfrac{dx}{L} = m\lambda \ (m = 0, 1, 2, \cdots)}$ 的位置 x 即為明紋

∴　明紋位置 $x = \dfrac{mL\lambda}{d} \ (m = 0, 1, 2, \cdots) \rightarrow$ 明紋間距 $= \dfrac{L\lambda}{d}$

繞射光柵

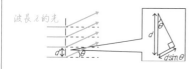

要先能求出　$\boxed{\text{相鄰光線的光程差} = d \sin \theta}$　（參照上圖）

⬇

滿足　$\boxed{d \sin \theta = m\lambda \ (m = 0, 1, 2, \cdots)}$ 的方向 θ 會產生明紋

※ $0 \leqq \sin \theta \leqq 1$，所以　$0 \leqq \dfrac{m\lambda}{d} \leqq 1$

∴　只要求出滿足 $0 \leqq m \leqq \dfrac{d}{\lambda}$ 的 m 值，就能知道明紋的數量。

太陽能板的抗反射鍍膜

太陽能板會充分運用**薄膜干涉原理**，讓光能發揮到最大極限。想要讓兩束光疊加增強看起來明亮，或是減弱變昏暗，都是取決於薄膜厚度。

每款太陽能板的發電效率不太一樣，但目前市面上普及的產品效率大約是10～20％。這就表示照射在太陽能板上的光，約有8成的光能未能被充分利用。

這其實包含幾個原因，不過最主要的關鍵是薄膜表面也會形成光的反射。即使陽光是照射在可吸收光能的太陽能板上，也仍會發生反射，當然就無法充分運用。

針對這個問題，可以利用薄膜干涉原理來避免光的反射。當兩束光發生干涉並相互減弱時，薄膜表面反射出的光能也會跟著減少，這也代表著大部分的能量都會被太陽能板吸收。

大多數的太陽能板都會以矽為主要材料，但矽這種材料帶有金屬光澤，並不是藍色的。太陽能板表面的藍，其實正是來自抗反射鍍膜的顏色。

相同的原理同樣應用在眼鏡上。我們所戴的鏡片會加上能夠減弱反射光的鍍膜，避免拍照時眼鏡因反光而發亮。

另外，令敵方雷達無法偵測到的「隱形戰機」，也運用了相同的原理。雷達的運作機制是發射電磁波，觀測反射狀況來掌握物體的行蹤。隱形戰機便是在機身加工塗上一層薄膜，能讓薄膜表面反射的電磁波，和薄膜內部反射的電磁波發生干涉並減弱，從而避免被雷達偵測到。

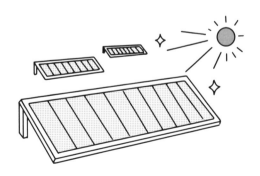

炸藥和打雷都與震波有關

震波可不是只有隕石墜落時才會產生。

這裡就以英國與法國共同開發的協和號客機為例，協和號飛行速度可達音速的2倍，1976～2003年期間也曾實際執行飛行任務，但因為會產生震波，目前已經退役。

另外，隧道工程在引爆炸藥時，爆炸也會對無數物體賦予超越音速的加速作用，同樣會形成震波，這時的震波稱為爆震波（detonation wave），速度可達音速的15倍。

不只如此，打雷時發出「轟隆轟隆」的聲音其實也來自震波。雷電夾帶的大電流會產生熱，使空氣急速加熱膨脹，所以會形成震波。

目前人們也持續開發線性馬達列車，作為次世代的高速移動工具。但要將這些技術投入實際運用時，必須思考如何避免震波的產生。

為什麼吸了氦氣聲音會變尖銳？

各位有沒有吸過變聲遊戲會用到的氦氣呢？如果吸入純氦氣會有窒息風險，所以一般會以氧氣1：氦氣4的比例混合使用。不過，為什麼吸了氦氣會讓聲音變尖銳呢？

就算吸了氦氣也不會改變聲道長度，照理說共鳴的聲調不會有變化，但實際上，氦氣會改變聲音的前進速度。

氦氣很輕，「$v = f\lambda$」裡的v會變大，頻率「f」也會成正比變大，所以聲音就會變尖銳喲。

Chapter

03

物理篇
電磁學

沒學過數學的法拉第

電磁學是19世紀開始發展的學問。其中又以法拉第發現**電磁感應**、馬克斯威彙整出的**電磁學算式（馬克斯威方程式）**最為重要。馬克斯威方程式雖然不會出現在高中物理課本裡，但提到的內容大同小異。

電磁感應是太陽能發電之外的另一種發電原理，也是相當重要的現象。如果1831年法拉第沒有發現電磁感應，我們就沒辦法像今天這樣自由用電。

法拉第出生在英國的貧窮人家中，從小在裝訂書店當跑腿工，後來受書店老闆賞識而提拔為學徒。即便面對這樣的環境，法拉第還是對科學充滿好奇。某天，法拉第有幸聆聽知名科學家戴維（Humphry Davy）的演講。法拉第聽了深受感動，便寫信懇請戴維收他為助理。

法拉第如願成了戴維的助理，但因為家境貧困的緣故，他並沒有學過數學。這對科學研究可是非常嚴重的致命傷。即便如此，法拉第還是不斷地透過「實驗」探索其中道理，最終發現了「電磁感應」現象。

畢生發現許多事物的戴維也曾表示：「法拉第是我最偉大的發現。」就不難看出法拉第是多麼地傑出。

探索自然科學的路上，會體認到紮紮實實地「做實驗」有多麼重要。就連馬克斯威也說過：「對科學界來說，法拉第不是一名數學家是件多麼幸運的事啊。」

本章節會依序探討過去這些偉人所提到的電磁學。各位也可從中發現，電磁學的發展是靠許多科學家的貢獻累積而成。

若要作為文化知識學習

電磁學的發展史悠久，最興盛時期為19世紀，所以對我們來說，許多議題並不會感覺非常遙遠。

各位在學習過程中，如果能思考那個時代的偉人是透過怎樣的思考找出這些定律的話，學起來一定會相當愉快。當然，也別忽略了生活周遭許多結合電磁概念的事物。

對於工作上需要的人而言

我們已經無法想像沒有電該怎麼生活。除了架構起電力生活的作業（發配電等）外，研發、設計、製造家電產品也都需要電磁學。

另外，電磁學還是現代資訊化發展不可或缺的環節。少了電磁學，就沒有今天的科技社會。

對考生而言

電磁學和力學都是入學考試非常注重的範疇。電磁學多半會被放在物理課程的後半段，導致很多人學得一知半解。建議考生們及早接觸，加強學習力道，這樣才能與其他競爭者拉開差距。

01 靜電

不僅孩子們能透過實驗，享受靜電的樂趣，靜電現象也被廣泛運用在工業生產活動當中。

Point

靠近時，靜電力會突然變大

電可以分成正電與負電兩種。

同為正電或同為負電的時候，彼此間會存在相斥的力量（斥力），但正電與負電之間卻會形成一股引力。這些力都稱作**靜電力**，大小可用下述公式表示。

$$F = k \frac{Q_1 Q_2}{r^2} \quad (k：比例常數 \quad r：電荷間的距離 \quad Q_1 、Q_2：電荷)$$

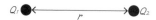

這又稱為**庫倫定律**。

會用到靜電的電子儀器

靜電力當中，**作用於正電與負電間的引力**更是特別重要。

為汽車車身烤漆時，需要靠電所形成的引力，讓漆料均勻噴附在車身上。空氣清淨機也是利用這股引力來吸附灰塵或黴菌。

如果要問和靜電有關且歷史悠久的物品，首先會想到的就是影印機。1445年左右，德國人古騰堡（Gutenberg）發明了活版印刷術。這是一種在小條的金屬棒或木棒頂端刻字，並將這些棒子排列成版，接著壓印在紙張上的印刷技術。有了這項技術就能大量複製同一本刊物或文章，知識普及也變得更加容易。這也讓更多的人能藉由印刷品得知新事物的發明，知識得以共享，也加快了科學進步的速度。

活版印刷術的問世可謂劃時代的突破，人們在1980年代以前都是用此技術來印刷書籍。

到了今日，我們學會運用電，讓拷貝複製的作業程序變得更簡單。影印機裡頭裝有會旋轉的滾筒，滾筒表面會上一層感光體。感光體是一種照光後能促進導電的物質。

首先，要讓塗抹了感光體的滾筒帶正電。

接著，對原稿照光，讓反射光照至上面的感光體。原稿明亮（白色）處會形成強烈的光反射，昏暗（黑色）處則不會有光反射。

這時，照光部分的正電荷（因為感光體容易導電）會移動並消失，只有沒照到光的部分會留下正電荷。

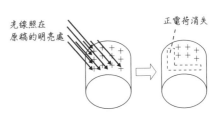

光線照在原稿的明亮處

正電荷消失

接下來，影印機會釋放帶負電的碳粉（黑色粒子）。受靜電力的影響，只剩帶有感光體正電荷的部分會附著碳粉。

滾筒轉動後，就會將附著的碳粉轉印到紙張上。這麼一來便能完成原稿的黑白複印。

以上就是影印機的運作方式。

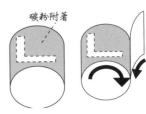

碳粉附著

Business 雷射印表機也有用到靜電

我們生活中還有一樣運用相同原理的產品，那就是雷射印表機。

印表機大致可分成雷射印表機和噴墨印表機。噴墨印表機是直接將墨水噴在紙張上，雖然能將細節處印刷得很漂亮，但如果需要大量印刷，一張一張地噴墨相當耗時，墨水費用也很可觀。所以如果需要大量印刷，會建議使用原理與影印機相同的雷射印表機。

02 電場與電位

靜電力是一股摸不到，卻充滿著不可思議的作用力。如果把它視為形成電荷的「電場」會對力造成影響，其實就能理解這個現象囉。

 Point

電位微分後就能得到電場

電場

相距 r 的電荷 Q_1 與 Q_2 間會存在一股大小為 $F = k \dfrac{Q_1 Q_2}{r^2}$ 的靜電力。針對這股力量我們可以有下述解讀。

首先，電荷 Q_1 會把周圍變成存在靜電力的空間，這又稱作**電場**。電荷 q 則是承受一股來自強度 E 的電場，大小為 $F = qE$ 的力。

$$\Downarrow$$

電荷 Q_1 會在距離 r 的位置形成電場 $E = k \dfrac{Q_1}{r^2}$

$$Q_1 \bullet \longleftarrow\!\!\!\!\underset{r}{\longrightarrow}\!\!\!\!\Rightarrow \quad k \dfrac{Q_1}{r^2}$$

$$\Downarrow$$

電荷 Q_2 則會承受一股來自 Q_1 電場，大小為 $F = Q_2 E = k \dfrac{Q_1 Q_2}{r^2}$ 的靜電力。

電位

各位可以把電場理解成右圖的扭曲空間。這時，每個點的高度就相當於**電位**。

電荷 Q_1 在相距 r 的位置所構成的電位 V 則是：

$$V = k \dfrac{Q_1}{r}$$

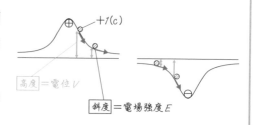

如果物體不是放在水平空間，就會承受一股像是從斜坡滑下的力。

此道理也能套用在電荷所承受的靜電力，當電場斜度愈陡，承受的靜電力就愈大。

換句話說，用距離 r 微分電位 V 的話，就能求得電場強度 E：

$$E = \left| \frac{dV}{dr} \right|$$

📖 從電場能掌握到靜電力的位能

只要使用一種名叫加速器的裝置，就能藉由電力，讓肉眼看不見的帶電粒子加速。這時需要計算附加多大的電場，能讓速度加快到什麼程度。

如果用**靜電位能**來思考會簡單許多。

我們可以透過右圖理解靜電力的位能。

如果要讓電場中的電荷移動到較高的位置（也就是電位較大的位置），就需要作功。電荷會把這些功儲存為能量，也就是靜電位能。

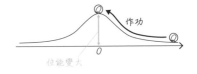

相反地，儲存了靜電位能的電荷被釋放出來的時候，當中的能量也會跟著釋出，並轉換成動能。

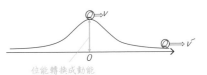

這時，能量守恆定律就會成立。以上圖來說，可以表示如下：

$$QV + \frac{1}{2}mv^2 = \frac{1}{2}mv'^2$$

套用這種概念後，就可以求出多大的電場能加速到什麼程度。

03 電場中的導體與絕緣體

就算物體並非皆帶電，還是有可能存在靜電力。舉例來說，將帶電的吸管靠近不帶電的空罐時，空罐會被吸管給吸過去。

> **Point**
> ## 電場中產生的變化會依導體或絕緣體出現差異

導體與絕緣體

● 導體＝可導電的物質

● 絕緣體＝不可導電的物質

兩者差異在於是否存在自由電子。導體擁有可自由運動的自由電子，絕緣體則沒有自由電子。

靜電感應

將導體置於電場中，自由電子會受靜電力影響開始移動。移動的自由電子會形成一個電場，這個電場將和被賦予的電場方向相反。自由電子會持續移動，使兩者相互抵消，直到導體內的電場變成零。

電極化

將絕緣體置於電場中，由於缺乏自由電子，並不會形成電場，但是分子會轉動朝向相同方向。特別是分子內部的電荷分布不均勻時（極性分子），就會朝電場的反方向整齊排列，雖然不至於讓原本的電場歸零，強度卻會因此減弱。

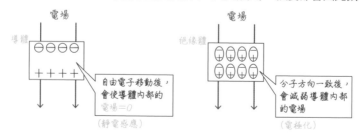

以金屬屏蔽，就不會產生靜電感應

對電路來說，**讓置於電場中的物體起變化**是非常重要的。這裡就以能儲存電荷的電容器（參照04）為例，裝置裡的極板間會插入絕緣體，在極板形成電場的作用下，絕緣體會電極化，這對加大電容容量非常有幫助。

各位對電路結構或許會很陌生，但靜電感應（電極化）卻能透過身邊事物輕易觀察到。

用布摩擦尺的話，會使尺帶電。接著把尺靠近水龍頭流出的水，原本筆直落下的水流會開始彎曲，像是被尺給吸引過去。這就是**水所形成的電極化**。

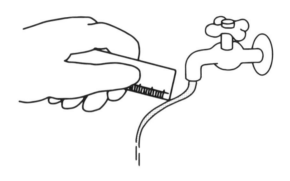

水彎曲的模樣

Business 為什麼隧道裡會聽不清楚廣播？

若要避免產生靜電感應（電極化），唯一的方法就是屏蔽掉電場。

說到前面水彎曲的例子，如果在水和尺中間插入金屬板，水就不會被吸引過去。因為金屬板能屏蔽電場，避免水電極化，而這個現象又稱為**靜電屏蔽**。

當我們進入沒有設置天線的隧道或地下街時，廣播和手機的訊號會變差，這也是因為地面和鋼筋屏蔽掉電波所造成，與靜電屏蔽的模式非常類似。

04 電容器

電路中，能夠暫時儲蓄電荷的電容器裝置非常重要。
人們在形狀設計下盡功夫，得以開發出尺寸小、容量大的電容器。

> **Point**
>
> ### 電容器的電容取決於三要素
>
> 兩塊金屬板朝向彼此但不相接觸，就能製作出可儲存電荷的電容器。
>
> 如果像下圖一樣，接上電源施予電壓，就能儲存大小與電壓成正比的電荷。
>
>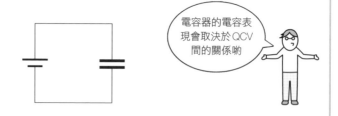
>
> 電容器的電容表現會取決於 QCV 間的關係喲
>
> 此關係可用「$Q = CV$」來表示。（Q：儲存的電荷　C：電容　V：電壓）
>
> 電容器的電容表現 C 可依照電容器形狀，以及夾在極板間的物質（絕緣體）種類算出。
>
> $$C = \varepsilon \frac{S}{d}$$（ε：極板間物質的電容率　d：隔離板　S：極板面積）
>
> 當電荷儲存在電容器時，可儲存的能量為：
>
> $$U = \frac{1}{2} CV^2$$
>
> 這個部分也非常重要。

📖 在電容器中扮演重要角色的介電質

相機啟動閃光時，會瞬間通過大量電流。這都是因為電容器能夠儲存電荷，並將

其釋放的緣故，才有辦法達到閃光效果。

無論是哪種電子儀器都會搭載許多的電容器。想要搭載那麼多的電容器，就必須縮小尺寸。但是，縮小尺寸的同時，卻還要能確保電容表現。

因此，電容器在設計上也就相當費心思。

方法之一是**加大極板面積**。一般而言，電容器會用兩塊極板捆繞介電質製成。這樣不僅能確保極板面積夠大，體積也能相對小巧。

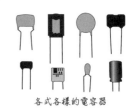

各式各樣的電容器

另外，**極板間夾入哪種物質**也很重要。因為物質種類不同，電容率表現可是天差地遠。

極板間物質的電容率如果是10倍，就表示電容器的電容也會變10倍。電容與電容率成正比，所以電容率的表現如右表所示。我們可以得知，比起極板間不夾入任何物質，有夾入物質的電容會比較大。

物　質	相對電容率 （電容率為真空的幾倍）
空氣	1.0005
石蠟	2.2
紙板	3.2
雲母	7.0
水	80.4
鈦酸鋇	約5,000

當中又以夾入鈦酸鋇的電容增幅明顯最大，所以鈦酸鋇常被作為電容器材料。發現如此出色的介電質，對於實現既小巧又大容量的電容器來說，可是非常關鍵的環節呢。

另外，電容的單位是「F」（法拉）。施加1V電壓時，1C電荷所能儲存的容量即是1F。

不過，以實際情況來說，電容的數值基本上都非常小，所以「μF」（微法拉）、「pF」（微微法拉）這幾種單位反而比較普遍。$1\mu F = 10^{-6}F$，$1pF = 10^{-12}F$。

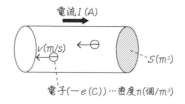
05 直流電路

電路可以分成電流朝固定方向持續流動的「直流電路」，以及電流方向會產生週期變化的「交流電路」。這裡會探討直流電路的特性。

> **Point**
>
> ### 歐姆定律是思考直流電路的原則
>
> **歐姆定律**
>
> 想讓電流流過迴路需要有電壓。這時，**歐姆定律**得以成立，也就是
>
> $$V = RI（V：電壓　R：電阻　I：電流強度）$$
>
> 思考電路時都必須以此定律為基礎。
>
> **A（安培）**
>
> 電流的單位是 **A（安培）**。1A 是指「1C 的電荷在 1s 內通過某個迴路截面時的電流大小」。實際上流過迴路的是電子，如果 1 個電子的電荷為 e（C），那麼流過的電流 I 就可以表示如下：
>
> $$I = enSv（n：單位體積電子數　S：迴路截面積　v：電子速度）$$
>
> 電流 I (A)
>
> v (m/s)
>
> S (m²)
>
> 電子(－e(C))…密度n(個/m³)

📖 就算沒有電池也能產生電流

歐姆定律是德國物理學家歐姆（Georg Simon Ohm）在 1826 年發現的。當時已問世的電池不多，大概只有伏打電池。而且伏打電池還有個缺點，那就是電壓很快

就會下降。老實說，如果是在沒有電流的條件下，基本上是不可能發現此定律，歐姆究竟是用什麼方式產生電流的呢？

歐姆所利用的，是同為德國人的賽貝克（Thomas Johann Seebeck）在1822年從熱電偶發現的熱電效應（**賽貝克效應**）。

這裡雖然有點難度，但是看過右圖應該就能掌握概要。

準備由銅和鉍兩種不同金屬相貼的材料，須備妥2份，接著擺入不同的溫度環境。依照右圖配線就能形成電流。

也因為賽貝克的這項發現，歐姆定律才得以誕生。

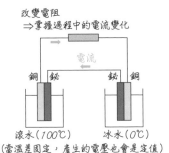

改變電阻
⇒掌握過程中的電流變化

電流

銅　鉍　　　　　鉍　銅

滾水（100℃）　　　冰水（0℃）
（當溫差固定，產生的電壓也會是定值）

Business 太空探測器搭載的核電池

賽貝克效應也被運用在搭載於太空探測器的核電池上。

核電池使用了鈽238等放射性同位素（會釋出輻射且自然衰變的元素，衰變時會釋放出熱能。只要挑選半衰期〈放射性原子核數量減半所需的時間〉較長的元素，就能拉長使用期間）。太空探測器的核電池就是利用放射性同位素釋放的熱，以及和外太空（溫度固定為3K〈−270℃〉）的溫差來發電。

如果是繞行地球周圍的人造衛星以及行駛於小行星帶（火星與木星間）的太空探測器，基本上都能取得充分的陽光，所以會搭載太陽能電池而不是核電池。再者，萬一探測器升空失敗或因故墜落時，核電池會洩漏輻射物質，相當危險。

話雖如此，如果要讓探測器前往更遙遠的外太空，那麼陽光就會不足，這時勢必要改用核電池。

除此之外，只要運用工廠、汽車、一般家庭所排出的廢熱，同樣能藉由賽貝克效應發電。其實，目前世界上以煤炭、石油、天然氣等化石燃料所取得的熱能中，有7成都淪為無法被善加利用，只能浪費掉的廢熱。

06 電能

電流流過迴路時會消耗能量，我們會將這些能量轉換成光、熱等形態加以運用。

> **Point**
>
> ## 「電力」與「電功率」的差別
>
> **電力**
>
> 當電流流過電阻時，需要消耗能量。這時電力P可用「$P = VI$」（V：施加於電阻的電壓　I：通過電阻的電流）來表示。
>
> 所以這裡的電力是指「每1s消耗的能量」。
>
> 1A的電流通過1V電壓時所消耗的電力稱作1W。「W」（瓦特）這個單位是指「J/s」，也就是每1s消耗的能量。
>
> **電功率**
>
> 與電力相對應的概念，表示總消耗能量的電功率。
>
> 電功率Q可表示為「$Q = VIt$」（t：電流通過的時間）。

將「kWh」變換成「J」

懂得電力單位「W」所代表的意思後，我們就能立刻計算出**使用身邊物品時會通過多大的電流**。

這裡就以500W的微波爐為例，日本一般家用電壓為100V。使用微波爐時，「$500W = 100V \times I(A)$」，所以可以求出$I = 5A$。

接著，每個月的電費會取決於消耗了多少的電功率。消耗電功率一般會以

「○kWh」表示。因為「1kWh＝1kW×1h」，換成用J來表示的話會是：

$$1kWh = 1kW \times 1h = 10^3 J/s \times 3600\,s = 3.6 \times 10^6 J$$

如果要讓1g的水溫度上升1℃，大概會需要4.2J的能量。如果使用1kWh這麼多的能量，假設水量為10^5g（約100L），那麼水溫會上升「$\frac{3.6 \times 10^6}{4.2 \times 10^5} \fallingdotseq 8.6℃$」。只要懂得這幾個項目間的關係，應該會更容易掌握自己使用了多少能量。

🖥 Business 直接插電與使用電池，哪個比較划算？

在我們的日常生活中，基本上都會透過插座或是電池取用電能。究竟哪個比較划算呢？

先來談談乾電池好了。不過，乾電池的尺寸和種類也非常多樣，這裡就以常見的3號碳鋅電池為例。

3號碳鋅電池的容量（可取用的電流量）大約是1,000mAh。所謂1,000mAh，是指1,000mA（＝1A）的電流可以流動1小時。

乾電池的電壓為1.5V，當乾電池用到沒電所消耗的能量為：

$$1.5V \times 1A \times 1h = 1.5Wh$$

所以我們會說，想要取得這麼多能量的話，一般會需要1顆乾電池。假設便宜的乾電池1顆售價50日圓，若要得到1Wh的能量，就要花費「50÷1.5≒33日圓」。

反觀，如果是使用從發電廠送來的電流呢？我們支付電力公司每1kWh的電費大約是20日圓。換算成1Wh的話，會是「20÷1000＝0.02日圓」。

比較後就會發現，用電池取得電力是多麼昂貴啊。

克希何夫電路定律

讓歐姆定律變得更簡略更好應用的是克希何夫電路定律。就算迴路再複雜，有了此定律都能求得迴路電流。

Point

克希何夫電路定律也能當作方程式運用

克希何夫電路定律可分成第一定律和第二定律。

第一定律

電路中任一個點都能滿足「**流入的總電流＝流出的總電流**」。

因為電路中的點無法儲存電荷，此定律當然就會成立。拿川流來比喻，河川某個位置的流入水量與流出水量的確也會一樣。

第二定律

電路中任一封閉路徑會滿足「**所有電動勢的總和＝所有電壓下降的總和**」。

電動勢是指電源讓電位變高的作用能力。

電壓下降則是指電流通過電阻時所伴隨的電位降低。

行經一圈迴路後會回到原本的高度（＝電位），此定律當然能夠成立。

📖 探討複雜電路時可少不了克希何夫電路定律

如果是想知道右圖這種簡單迴路的電流大小，搭配歐姆定律就很足夠。

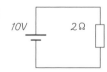

$$10\text{V} = 2\Omega \times I(\text{A})$$

所以可以求得 $I = 5\text{A}$。

不過，如果換成本頁左下圖這種複雜電路時會怎麼樣呢？光靠歐姆定律可搞不定。遇到這類迴路時，就要改用**克希何夫電路定律**來計算。首先，要像右下圖一樣設定電流。

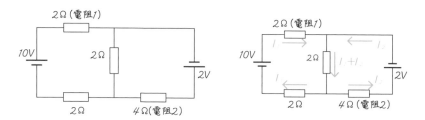

接著，搭配第一定律計算的同時，如果遇到不知道電流方向的情況，就必須記住**要先暫時設定個方向**。因為這時煩惱電流往哪個方向流並不會有任何幫助。

先暫定電流方向，就算方向錯誤，求出的電流也會變成負數。那麼我們就能發現「設定的方向是錯的」。

依照上圖設定好電流值後，

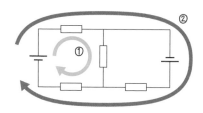

針對兩個迴路再搭配第二定律來探討。可以分別列出：

迴路①：$10 - 2I_1 - 2(I_1 + I_2) - 2I_1 = 0$

迴路②：$10 - 2I_1 + 2 - (-4I_2) - 2I_1 = 0$

計算後會得到：

$I_1 = 2\text{A} \qquad I_2 = -1\text{A}$

（$I_2 < 0$，就會知道電流方向設定是錯的）。

08 非線性電阻

「電壓與電流成正比」所對應的就是歐姆定律，但有個前提是電阻值必須固定不變。然而實際上，電流的大小會對電阻帶來變化。

Point

通過的電流愈大，電阻就愈大

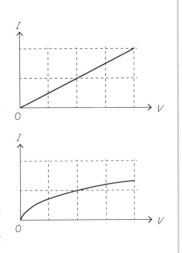

當電阻固定不變，通過電阻的電流 I 和電壓 V 關係會像右上圖所示。

不過，實際測量鎢絲燈泡的話，會發現電流 I 和電壓 V 的關係圖如右下所示。這種電阻類型又稱作**非線性電阻**。

非線性電阻的電流 I 和電壓 V 不會成正比，是因為電阻會隨通過的電流 I 起變化。

電流通過電阻後，電阻溫度會上升。接著妨礙電流（電子流動）活動的陽離子熱振動會變劇烈，使電阻變大。

考量電阻變化，求出實際電流值

電阻會跟著溫度改變，這一點其實相當棘手，如果把這種電阻置入迴路，在計算通過多少電流時會變得很複雜。但是，設計迴路時卻少不了這些計算。究竟該怎麼

做才能求得通過非線性電阻的電流呢？

接著，就讓我們來思考下面的範例。

假設將電壓 E 的電池、電阻為 R 的物體，以及電流－電壓特性如下方右圖所示的
燈泡相接，接續方式如下方左圖，請算出通過燈泡的電流。

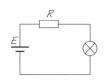
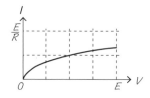

探討這個問題，首先最重要的是「**設定非線性電阻的電壓為 V，通過的電流為
I**」。

接著，就能用算式列出 V 和 I 的關係。以此情況來說，
通過電阻 R 的電流也是 I，根據克希何夫電路第二定律，
可寫作「$E = RI - V$」。

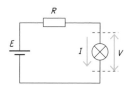

最後再將算式改用圖表呈現。接著還能把當中的項目交換位置，變成：

$$I = -\frac{V}{R} + \frac{E}{R}$$

這時可用右方圖表呈現。

組裝於迴路中的燈泡基本上要能滿足
上方和右方圖表。找出兩條線的交點，
就能求得同時滿足兩圖的 V 值及 I 值。

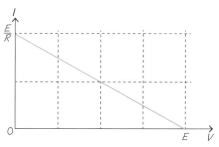

接著便能以 $\frac{E}{2R}$ 求出通過
燈泡的電流。

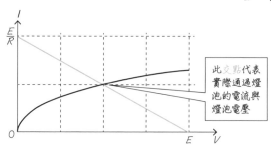

此交點代表
實際通過燈
泡的電流與
燈泡電壓

09 電流產生的磁場

把指南針放在有電流通過的導線附近時，指針會移動。這是因為電流在周圍區域形成了磁場。

Point

電流形態不同，產生的磁場也不同

電流產生的磁場方向與大小，會隨著電流通過的導線形狀出現下述差異。

● 線性電流構成的磁場

$$H = \frac{I}{2\pi r}$$

（r：與電流的距離　I：電流大小）

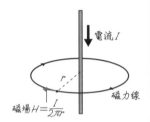

● 環形電流構成的磁場

$$H = \frac{I}{2r} \quad （r：環形半徑）$$

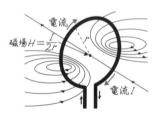

● 螺線管（捲成圓筒狀的線圈）電流構成的磁場

$$H = nI$$

（n：螺線管每單位長度的捲繞匝數）

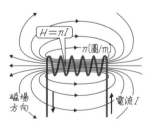

📖 掌握地球內部結構的方法

　　你我生活周遭其實很多地方都會用到磁鐵，像是冰箱上用來貼紙條的磁鐵，或是電器產品中馬達和發電機使用的磁鐵。其中又以**地球構成的磁場**最貼近你我。

　　如果把指南針水平放在地表，指針一定會朝向固定方向，這是因為地球有著強大磁場。不過，磁場究竟從何而來呢？

　　世界上只有電流能產生磁場。以鐵氧體（Ferrite）這類永久磁鐵為例，構成磁鐵的原子裡會有可自由移動的電子，電子具備和電流一樣的作用，能夠產生磁場。

　　那麼，地球磁場的源頭又是什麼？其實說到底還是電流。換言之，地球會存在磁場，證明了地球內部有電流通過。

　　目前認為，地球內部結構如右圖。

　　地球的中心應該是由大量的鐵組成（地球總質量的三分之一是鐵）。鐵是金屬，所以電流可以通過。也是因為這股電流，讓地球變成一顆巨大的磁鐵。

　　說得再精準一點，我們是從許多間接跡象，意識到地球存在著磁場。會這麼說，是因為人類尚無法實際觀測確認地球內部就是由金屬（鐵）構成。截至目前為止，人類挖掘地底的深度只達10公里，然而地球半徑大約6,400公里，可是連1%都不到呢。

　　雖然人類生活在地球的歷史悠久，但是對人類來說，地球的內部結構還是充滿謎團。然而，就在我們發現了電磁學，得知磁場是由電流所產生之後，才逐漸掌握地球內部的模樣。

　　順帶一提，自轉週期大約只有10小時的木星，其實也擁有非常強的磁場。說不定是因為自轉速度很快，使自轉產生的電流也跟著變大。反觀，自轉週期約244天的金星，磁場強度約莫只有地球的兩千分之一。

10 電流在磁場中所受的力

電流所產生的磁場會對電流本身施力。當通電導線放在磁鐵旁時就會產生作用力，斷電則會停止受力。

如果電流的流向沒有和磁場垂直，就不會受力

當電流通過磁場時，就會承受一股來自磁場的作用力。這股作用力的方向如下圖所示。

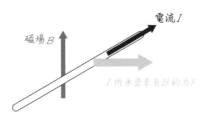

其中，力的大小為：

$F = IBL$（I：電流大小　B：磁通密度　L：磁場內的導線長度）

當電流與磁場構成的角度為 θ 時，電流的受力大小就會是：

$F = IBL \sin \theta$

圖中的 $\theta = 90°$，將 $\sin\theta = 1$ 代入後就會是上述公式。

$\theta = 0°$ 的話，$F = 0$。這也代表電流通過時如果和磁場平行，就不會受力。

此外，磁通密度 B 和磁場 H 之間，還存在著「$B = \mu H$（μ：導磁係數）」的關係。

利用磁場對電流的受力作為強勁推力

電流所承受來自磁場的力，可以運用在許多地方。這裡就舉兩例介紹。

由日本開發，世界首艘磁流推進船「大和一號」（Yamato-1）於1992年下水，並成功完成試航。大和一號船體重185噸、全長30公尺、寬10.39公尺，採用鋁合金材質，最大時速約15公里。目前展示於神戶海洋博物館。

磁流推進船究竟是什麼？可以用下圖來說明。

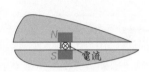

這張圖是船隻的結構概念圖，關鍵是**在海中形成磁場**，以及**讓電流通過海水**。以此圖為例，會形成向左的推力。

這時，船體內部的水會全部朝左釋出。但是，船和水加總後的整體動量還是維持最初的零，並沒有改變（因為沒有受到外力影響），所以船隻會朝右移動。

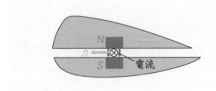

磁流推進船就是用這種方式產生動力。

11 電磁感應

只要在線圈附近移動磁鐵，線圈就會產生電流。這是1831年由英國人法拉第發現的電磁感應現象。

Point

磁場變化會產生電壓

在線圈附近移動磁鐵的話，線圈會產生方向和大小與下圖一樣的電壓（**感應電動勢**）。

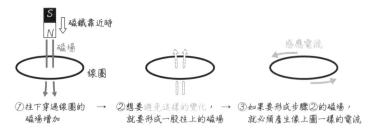

①往下穿過線圈的　→　②想要避免這樣的變化，　→　③如果要形成步驟②的磁場，
　磁場增加　　　　　　　就形成一股往上的磁場　　　　就必須產生像上圖一樣的電流

感應電動勢的大小 $V = N\dfrac{\Delta\Phi}{\Delta t}$

（$\Delta\Phi$：磁通量變化　Δt：磁通量變化所需時間）

這個現象就是**電磁感應**。而磁通量 $\Phi = BS$

（B：磁通密度　S：線圈面積）。

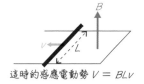

這時的感應電動勢 $V = BLv$

如果把導體棒橫穿過磁場，導體棒也會產生感應電動勢。

📖 **帶來許多幫助的渦電流**

移動磁場中的金屬板，會讓金屬板附近的磁場產生變化，並產生感應電流。這股

感應電流會像漩渦一樣流動，所以又稱作**渦電流**。

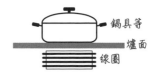

渦電流其實存在於你我身邊各個角落，例如IH調理爐（Induction Heating，透過電磁感應加熱）。

電流流過線圈的話，線圈會變成電磁鐵並產生磁場。這時，只要改變這股電流，線圈的磁場也會跟著起變化。透過磁場變化形成電磁感應，那麼鍋底就會產生渦電流。

鍋底流過電流會造成焦耳熱，能作為烹調利用。在變流器的作用下，這股焦耳熱會轉換成2萬Hz的高頻交流電通過線圈，渦電流的產生次數也會跟著大幅增加，使加熱效率提高。

如果是使用鐵等強磁材質製成鍋具的話，會更容易形成電磁感應。這也代表鐵會比銅、鋁等材質更適合作為IH調理爐。

IH調理爐還可分成全金屬類型與一般類型。全金屬類型的頻率是一般類型的3倍，加熱效率提升，因此非強磁材質的的銅鍋、鋁鍋也能使用。不過，熱效率還是會受到影響，相對較低。一般類型的IH爐則是只能搭配強磁材質的鍋具。

如果是土鍋、玻璃等無法導電的鍋具，則無法用於所有的IH調理爐。此外無論材質種類，只要鍋底不夠平整，爐體就很難產生渦電流，加熱效率一樣會受影響。

Business 電車的煞車系統

右圖這種電磁煞車系統也看得見渦電流的存在。

此結構會運用在電車上。圖中的軸體會與車輪連接，所以只要車輪轉動，軸體也會跟著旋轉，並促使電磁鐵起作用。如此一來，安裝於軸體的煞車鼓就會產生渦電流。電磁鐵會對渦電流產生一股阻礙旋轉、方向相反的力，形成制動效果。

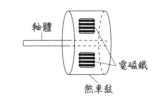

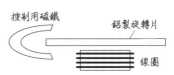

12 自感應和互感應

通過線圈的電流起變化時，線圈本身會產生感應電動勢，試圖抵消掉這股變化。此現象就稱為自感應。

Point

會試圖抵消掉自我變化的就是自感應

通過線圈的電流如果固定不變，就不會產生感應電動勢，然而，電流出現變化時，會形成如下圖的感應電動勢。不過，無論是哪種情況，都一定會產生一股試圖抵消掉自我變化的力量。

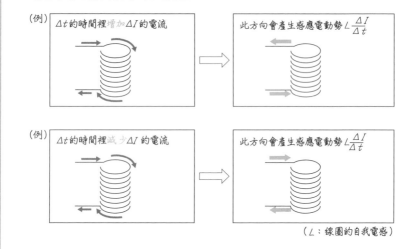

（例）Δt的時間裡增加ΔI的電流　　　此方向會產生感應電動勢$L\frac{\Delta I}{\Delta t}$

（例）Δt的時間裡減少ΔI的電流　　　此方向會產生感應電動勢$L\frac{\Delta I}{\Delta t}$

（L：線圈的自我電感）

📖 迴路搭載線圈，避免電流出現急遽變化

我們已知線圈的自感應能夠**妨礙電流出現急遽變化**。

只要將線圈置入迴路，便能預防電流出現劇烈改變。如果開關迴路沒有安裝線圈，那麼開關啟動的下個瞬間就會突然通過一股大電流；有了線圈，則能讓電流慢慢增大。

如果是下面的迴路，電流會出現如右圖的變化。

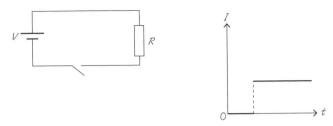

反觀，如果變成下面這樣的迴路，電流變化則會如下方右圖所示。

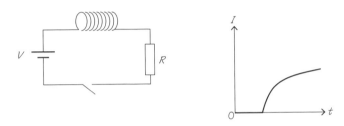

另外，複數個線圈之間還有可能出現**互感應**現象。

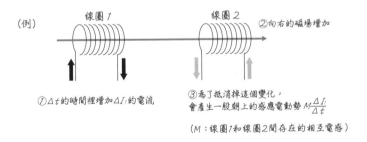

從上面範例便能得知，這個現象是指通過某個線圈的電流出現變化時，相鄰線圈就會產生感應電動勢。

互感應經常用來改變交流電路的電壓。具體來說會用在變壓器裝置中（詳細說明請參照15）。如果要把發電廠產生的電輸送至工廠或家庭用戶，變壓器可是非常重要的存在，而這個過程也和互感應息息相關。

13 交流電的產生

發電廠產生的電流屬於交流電。只要了解電流是怎麼透過發電機而來，就能理解為何是交流電。

Point

基本上，電流都是透過電磁感應產生

如果像下圖一樣，用幾個線圈圍繞住磁鐵，並讓磁鐵旋轉。那麼線圈會產生**電磁感應**，形成感應電流。

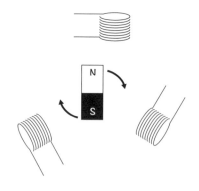

當磁鐵靠近線圈及遠離線圈的瞬間，感應電流的方向會顛倒。換句話說，線圈產生的電流會是持續改變方向的「**交流電流**」。

發電廠需仰賴電磁感應

我們使用的電流基本上都是來自發電廠。發電廠可以分成火力發電、水力發電、核能發電等種類，這些電廠的差異在於取用何種**能源**。

火力發電廠會以燃燒煤炭、天然氣、石油等化石燃料的方式取得能源。水力發電廠的話，則會利用水從高處落下的過程產生能量。核能發電廠是利用核分裂所形成的能量（參照Chapter 4的**07**）。

所以，發電類型會隨使用的能源有所差異。不過，無論是哪種發電廠，都會使用發電機產生電力。唯一不同之處，就只有讓發電機運轉的能源來源。

理解這件事情之後，各位應該就會發現，電磁感應對我們有多重要了。少了電磁感應，可無法擁有現代生活。

順帶一提，提出電磁感應的科學家是英國人法拉第（Michael Faraday），他在1831年發現這個現象。各位一定會認為，法拉第肯定是為非常傑出的科學家，才會能有如此重大發現。的確，法拉第絕對是名偉大科學家，但其實他出身貧窮，探究學問的環境條件並不優渥。

Introduction也有提到，法拉第其實並未接觸到充分的數學知識，對科學家而言，數學基礎打得不夠紮實可是非常嚴重的致命傷。即便如此，法拉第還是不斷地透過實驗探索其中道理。在不斷面臨失敗的同時，卻還能持續挑戰，終於歸納並提出電磁感應等諸多新知。

📖 安哥拉圓盤

法拉第的發現得以被應用在發電機上，都要多虧了1824年由法國人安哥拉（François Arago）提出構思的**安哥拉圓盤**。

讓磁鐵旋轉的話，圓盤就會像右圖一樣，朝同個方向旋轉。這是電磁感應使圓盤產生渦電流所形成的現象。法拉第試著把圓盤裝置加以改造。

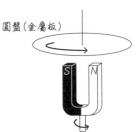

圓盤（金屬板）

安哥拉圓盤的磁鐵會旋轉，法拉第則是讓這塊磁鐵固定。接著用手轉動圓盤，這時他發現，圓盤同樣會產生渦電流。於是，法拉第試著將其作為電流運用，並發明了發電機。我們也可以發現，原來這麼簡單的裝置就能生電。正因為簡單，才突顯出這項發明的偉大。

14 交流電路

交流電路會形成在直流電路中絕對看不見的特性，那就是電壓與電流的相位關係並不一致。

Point

電流的相位可能比電壓快，也可能比電壓慢

交流電路會結合電阻、線圈、電容器這幾個電路元件，而這些元件存在下述特徵差異。

電阻

如右所示，電阻的電流和電壓相位會相同。

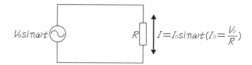

$$V_0 \sin\omega t \qquad R \qquad I = I_0 \sin\omega t \left(I_0 = \frac{V_0}{R}\right)$$

所謂相位相同，是指電壓來到最大值的瞬間，電流也會達到最大，也就是兩者間的變化時間點一致。各位或許會覺得理所當然，但線圈和電容器的相位變化是有落差的。

線圈

如右所示，線圈的電流相位會比電壓慢 $\frac{\pi}{2}$

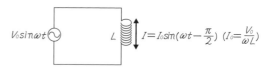

$$V_0 \sin\omega t \qquad L \qquad I = I_0 \sin\left(\omega t - \frac{\pi}{2}\right) \left(I_0 = \frac{V_0}{\omega L}\right)$$

線圈會產生自感應來阻絕自己的變化，所以就算施予大電壓，也不會使電流立刻跟著變大。這也代表電流相位（變化的時間點）會比電壓慢。

電容器

如右所示，電容器的電流相位會比電壓快 $\frac{\pi}{2}$

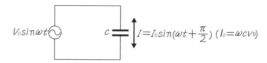

$$V_0 \sin\omega t \qquad c \qquad I = I_0 \sin\left(\omega t + \frac{\pi}{2}\right) \left(I_0 = \omega c V_0\right)$$

當電容器為空殼狀態時，電流流勢會最強勁。也就是電壓為零（空殼）的階段，電流會達最大值。顯示出電流的相位比電壓快。

📖 為什麼日本東邊和西邊的頻率不同？

世界各地輸送電力都是採用交流電形式（下一小節會說明為什麼是用交流電，而非直流電）。使用頻率雖然會依國家和地區相異，但如果不是50赫茲，就一定是60赫茲。

「赫茲」（Hz）意指「每秒幾次」，也就是每秒電流方向會切換50次，甚至是60次的意思。各位應該就能體認到，這是快到令人多麼難以想像的速度吧。

世界上多數國家都會將頻率統一為50赫茲或60赫茲，但日本卻是兩者並存，東日本地區使用50赫茲，西日本則是60赫茲（其他像中國、印尼等地也是兩者並存，但屬於少數）。為什麼會出現這樣的情況，其實是有歷史緣由的。

明治時代，東京電燈社（今東京電力）引進德國西門子公司的交流發電機，並設立火力發電廠，當時發電機的規格為50赫茲。

不過，大阪電燈社（今關西電力）卻是向美國奇異公司（GE）進口了60赫茲的交流發電機。使得關西和關東規格不一，關西是使用60赫茲的交流電。

日本東西區早在距今一百年前就開始使用頻率相異的發電機，到了今日仍未改變。雖然日本也曾評估，希望將頻率統一為其中一方，但這麼一來，電力公司必須更換發電機、變壓器，工廠等用戶的馬達或家用發電機規格也要替換掉，需耗費龐大成本。最終結論就是執行困難。

這也讓我們了解到，歷史的發展過程對於你我當今生活的影響。如果當初沒有這樣的差異，現在的生活說不定會更方便，卻也有可能更不便。從這個角度切入思考的話會發現蠻有趣的呢。

15 變壓器和交流輸電

發電廠產生的電力十之八九都會以交流電的形式輸送，因為交流電能輕易變壓。

Point

只要改變線圈匝數就能調整電壓

只要利用互感應（參照12），就能改變交流電電壓。

要改變電壓需要用到變壓器，其結構如下。

讓交流電流通過一次繞組，在互感應的作用下，二次繞組就會產生交流電。這時，一次繞組的電壓和二次繞組產生的電壓間會存在如下所示的關係：

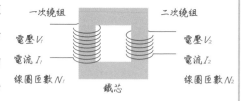

$$V_1 : V_2 = N_1 : N_2$$

也就是線圈形成的電壓會與線圈匝數成正比。

另外，變壓器還有個很重要的功用，那就是能像下述算式一樣儲存電力。

$$V_1 I_1 = V_2 I_2$$

轉換成高壓電，降低輸電損耗

世界各地的輸電系統都是採用交流電，而非直流電。交流電究竟有什麼優點呢？

會選擇交流輸電其實也是有緣由的。1879年，愛迪生發明了鎢絲燈。為了讓各戶家庭能使用燈泡，紐約開始架設電線的工程事業，當時採用直流輸電的方式。

不過，卻有個人對直流輸電提出異議，那就是時任愛迪生下屬的特斯拉。特斯拉考量到交流電的兩個優點，於是提出該用交流輸電的想法。

第一是**搭配變壓器使用的話，就能切換電壓**。想透過電線長距離輸電，就一定會產生電力損耗；如果改輸送高壓電，則能減少損耗。接著就來向各位聊聊現在的輸電模式。

根據下述內容，我們可以了解到為什麼輸送高壓電的損耗會比較少。透過變壓器變壓交流電時，電力是會被保存下來的，這也意味著當電壓愈高，電流就會愈小。

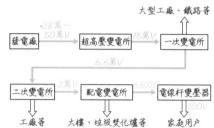

電線消耗的電力可用 RI^2（R 是指電線的電阻）來表示。各位應該可以理解，當通過的電流愈小，電力損耗就愈小。

之所以能夠切換電壓，是因為電流是電流是交流電的緣故，如果是直流電的話，變壓可沒那麼簡單，所以用直流輸電的情況下，電線會損失大量電力。

交流電系統還有一個優點，那就是**能夠使用交流馬達**。有別於直流馬達，交流馬達不需要電刷及整流子。相對地，由於直流馬達的電刷及整流子間會形成摩擦，必須定期更換。

另外，直流馬達在電壓固定的情況下將無法改變轉速。換成交流馬達的話，就能透過頻率的切換來控制轉速。

| 50Hz或60Hz的交流電 | → | 暫時切換為直流電 | → | 轉換成15～1,000Hz不等的頻率 |

馬達轉速取決於頻率，所以能夠藉由上面這類裝置控制馬達轉速。吸塵器、冷氣、冰箱等電器在調整強弱時便是利用這項機制（「變頻冷氣」是指能夠調整強弱的空調系統。在變頻冷氣問世之前，冷氣開關可是只有ON／OFF這兩個功能呢）。

也因為這兩項優勢，讓交流輸電脫穎而出。主張交流輸電比較好的特斯拉也因此和愛迪生決裂，事後更為西屋電氣公司的創立盡份心力。順帶一提，愛迪生則是創立了奇異公司（GE）。

16 電磁波

馬克斯威發現了電磁學後，便預言電磁波的存在。藉由實驗確認真有電磁波存在的是赫茲。現代人如果少了電磁波，可是無法生活呢。

Point

電場與磁場變動會形成電磁波

電磁波能藉由下面這種裝置產生。

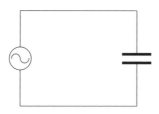

電路會通過交流電，所以電容器的電荷將不斷改變。這也使得電容器極板間的電場持續變動，變動伴隨著振動，進而讓周圍形成振動的磁場。

振動的磁場周圍又會形成振動的電場。

電場與磁場不斷振動，使空間逐漸擴大，形成所謂的電磁波。

馬克斯威預言了電磁波能以光速傳遞，後來赫茲也真的用實驗證實馬克斯威的推論。在那之後，我們也掌握到光（可見光）算是一種電磁波。

	名　稱	波　長	頻率
電波 微波	VLF（極低頻）	10～100 km	3～30 kHz
	LF（低頻）	1～10 km	30～300 kHz
	MF（中頻）	100 m～1 km	300～3,000 kHz
	HF（高頻）	10～100 m	3～30 MHz
	VHF（特高頻）	1～10 m	30～300 MHz
	UHF（超高頻）	10 cm～1 m	300～3,000 MHz
	SHF（極高頻）	1～10 cm	3～30 GHz
	EHF（至高頻）	1 mm～1 cm	30～300 GHz
	次毫米波	100 μm～1 mm	300～3,000 GHz
	紅外線	770 nm～100 μm	3～400 THz
	可見光	380～770 nm	400～790 THz
	紫外線	～380 nm	790 THz～
	X光	～1 nm	30 PHz～
	γ射線	～0.01 nm	3 EHz

少不了電磁波的現代生活

接著來介紹幾個電磁波的運用範例。

首先是電視節目的播放。在還是類比播放的時代裡，電視台播放節目是使用 VHF（特高頻）頻段 90〜220 兆赫（MHz），以及 UHF（超高頻）頻段 470〜770 兆赫的電波。不過，行動電話也會使用 VHF 頻段和 UHF 頻段的電波，隨著行動電話的普及，頻段使用情況變得極為混亂。

日本為了解決此問題，同時縮減電視播放使用的電波頻段，於是決定切換成數位播放。如此一來就能將使用的電波縮減為 UHF 頻段的 470〜710 兆赫，那麼空出來的頻段便能供行動電話等其他裝置使用。

不過，數位播放和類比播放有什麼差異呢？類比是指「連續」（相連），數位則是「分散」（跳躍的值）。各位想一下類比手錶和數位手錶的話應該就會比較好理解。兩者的電波如下。

類比訊號

數位訊號

這麼說來，數位電視就是用上面提到的數位訊號播放節目囉？並非如此。數位播放其實還是用類比訊號。具體來說是**透過類比訊號，傳送數位資訊**。

數位資訊是由二進位制的「0」和「1」組成，有了下頁提到的規則，就能透過類比訊號傳送數位資訊囉。

方法①：利用振幅調變

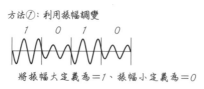

將振幅大定義為＝1、振幅小定義為＝0

方法②：利用相位調變

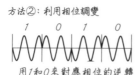

用1和0來對應相位的逆轉

方法③：將①、②搭配運用

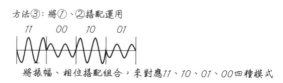

將振幅、相位搭配組合，來對應11、10、01、00四種模式

上面提到的方法，就是數位播放如何透過類比訊號將數位資訊傳遞出去。

另外，如果能下圖一樣，增加相位錯位的模式，就能進一步增加可對應的資訊（像是從111到000就有八種模式）。然而，這種方法卻也有可能增加接收錯誤資訊的機率。

數位播放還會運用到**壓縮技術**。如果要把影像資訊全數且隨時傳送出去，那麼資訊量會太過龐大，所以只會傳送上個畫面切換到下個畫面時有改變的部分，這樣就能大幅縮減資訊量。

順帶一提，電視播放使用的電波頻率其實比廣播的頻率高，即表示波長比廣播的電波短，繞射程度也會比較小。這也是為什麼如果位在被高樓大廈遮蔽的位置時，天線收訊會變差的緣故。

換成電纜的話，就能透過電壓的開閉和光的閃滅來傳送數位資訊。也因為透過電

波傳送資訊時很難採用電纜，所以才會衍生出本節提到的各種方法。

Business 電波運用在國際廣播電台

這裡要舉另一個運用電波的例子，那就是國際廣播電台。

地球上空有個名叫電離層的區域，是指受到太陽光和宇宙射線（來自外太空的輻射線）照射影響下，使得大氣中的原子和分子游離化（電子脫離原子，造成大氣中帶電離子混雜在一起的現象）。電離層包含幾個分層，當電波進入電離層後，會出現如下圖的反射。

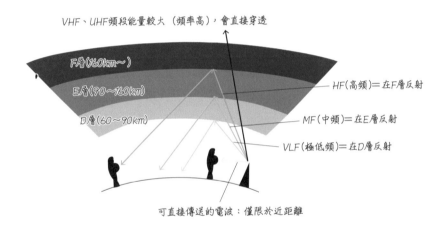

透過上圖可以得知，在F層反射的HF（高頻）傳得最遠，所以像是國際廣播、船舶無線電、業餘無線電等遠距離通訊多半會使用HF。

以實際情況來說，在F層反射的電波會接著在地表形成反射，反射出去的電波又會在F層反射，電波就是透過不斷地反射傳送到世界各地。

順帶一提，在E層反射的MF（中頻）基本上會被D層吸收掉，所以多半會被用在AM廣播這類於地表傳遞的電波。不過，D層到了晚上就會消失，此時電波會在E層反射，傳送到遠方，這也是為什麼我們能在晚上收聽到來自遠方的電台廣播。

頻率轉換

東日本大地震發生後，東京電力公司轄區範圍電力不足的問題受到特別重視。當時透過各企業與家庭用戶的努力節電，雖然成功避免大規模停電，卻也讓電力公司間的電力融通蔚為話題。

假設東京電力公司出現電力不足的情況，其實只要從中部電力公司輸電即可，但其中卻存在一個問題，那就是頻率差異。東京電力使用的頻率為50 Hz，中部電力則是60 Hz，所以無法直接輸電。為了解決這個問題，日本在東京電力和中部電力供電範圍的邊界附近設置了幾座頻率轉換所（長野縣與靜岡縣）。只要電力在此進行頻率轉換，就能融通互用。目前共有3座大型的頻率轉換所，可轉換的總電量約為120萬 kW。然而，東京電力公司的供電能力可是超過4,000萬 kW，看來能融通的電量實在不多呢。

頻率轉換所的運作模式如下。

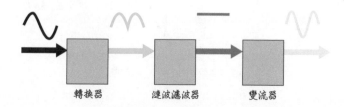

轉換器　　　　漣波濾波器　　　變流器

轉換器（Converter）是能將交流電轉換成直流電的裝置，不過，此裝置只能將交流電的－端翻轉成＋端，無法變成電壓穩定的直流電。這時就必須搭配漣波濾波器（Ripple filter）。漣波濾波器是能穩定直流電壓的裝置。

接著還必須搭配能將直流電切換成交流電的變流器（Inverter）。有了變流器，就能自由轉換頻率。

頻率轉換所便是依照這樣的順序轉換頻率。

物理篇
量子力學

探索看不見的世界

前面從力學一路解說到電磁學，這些都是19世紀為止就確立的學問。隨著電磁學集大成，物理學得以確立，這也讓人們認為所有的現象都是能說明解釋的。

然而，進入20世紀後，人類發現事實並非如此。因為我們找到一些現象，無法用19世紀的物理學來解釋。那就是人類肉眼所看不見，**微觀世界的現象**。

本章會具體介紹究竟是哪些內容。前面我們能用力學和電磁學說明的，都屬於宏觀世界的現象。你我日常生活所接觸的也是宏觀世界。從這層涵義來看，只要理解範圍涵括到電磁學的物理學，對於日常生活就不會造成困擾。

為了探究微觀世界，邁入20世紀後登場的學問是**量子力學**。就你我一般認知來說，會覺得量子力學很難懂。相信不少人都還記得，高中物理上完最後的量子力學，然後就在不知所云的狀態下結束。會遇到這情況是有原因的。

想要理解量子力學，就必須先大致掌握量子力學的特徵才能事半功倍。量子力學有三項關鍵，分別如下：

● **能量不連續**

● **光既是波動，也是粒子**

● **物質既是粒子，也是波動**

無論是哪一項都讓人覺得有聽沒有懂對吧。人們得以確立量子力學，靠的是許許多多的實驗，所以這三項關鍵都是有實驗背書的真理。各位不妨就抱著前往奇幻世界旅遊的心情來探索量子力學吧。

若要作為文化知識學習

對我們而言，量子力學發現的各種事情現象都只能用「奇幻」來形容。也因為這樣，這門學問的確讓許多人感到艱澀難懂。

不過換個角度思考，正因為是量子力學的緣故，才有辦法讓我們在學習的同時，持續感到「奇幻」。沉浸於完全遠離日常的世界，讓自己投身思考也會是一段開心的時光呢。

對於工作上需要的人而言

量子電腦今後的發展相當值得期待，還有結合量子力學的密碼技術等，這類新技術的誕生都少不了量子力學的運用。

對考生而言

大考的題目配分雖然不高，但最近有占比逐漸增加的趨勢。因為是不好讀懂的範圍，使得多數考生都很怕遇到量子力學的題目。大考原則上也都只會出基本題型，所以只要讀過就一定能拿下分數。

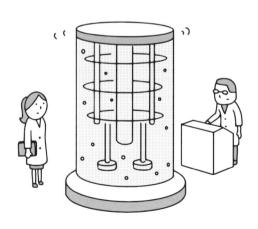

陰極射線

若要問究竟是什麼東西流動於電路中，這個東西的真面目就是帶有負電的電子。因為陰極射線，我們才會發現電子的存在。

 Point

陰極射線會受電場或磁場影響而偏折

陰極射線

降低玻璃管內的氣壓，並施予數千 V 高電壓的話，就會產生**陰極射線**。

陰極射線帶有下述特性。

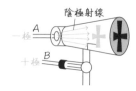

● 被物體遮蔽時會形成陰影（會直線前進）
● 會傳送負電荷
● 軌跡會受電場或磁場影響而偏折
● 會使照射物體的溫度上升（傳送能量）

電子

人們針對陰極射線進行許多實驗後，掌握到它就是帶有負電的粒子，現在又會稱其為**電子**。

我們也掌握到一個電子的電量絕對值為「$e = 1.602176620 \times 10^{-19} \mathrm{C}$」。這個絕對值是物體帶電量的最小單位，名叫**基本電荷**。

📖 人們是怎麼求出基本電荷的？

英國的約瑟夫・湯姆森（J. J. Thomson）是第一個發現陰極射線特性的人。湯姆森透過實驗，朝陰極射線的垂直方向施加電場和磁場，從而發現陰極射線。

根據陰極射線受電場影響所產生的偏折程度，便能算出**電場施予陰極射線多大的靜電力**。不過，偏折程度其實也會隨質量改變，質量愈大，偏折程度會愈大。

接著，我們又可以從中得知一個名叫**荷質比**的數值。

$$\frac{e}{m} = 1.758820024 \times 10^{11}\,\mathrm{C/kg}$$

然而，偏折程度實際上會隨電子的初速度而改變。

再加上磁場對電子的受力大小和電子的速度成正比，所以如果要測量偏折程度，還必須進行施加磁場的實驗。

湯姆森實驗的模樣

基本電荷的發現

美國人羅伯特・密立根（Robert Andrews Millikan）靠實驗求出電子的電量。

密立根把帶電的油滴入電場中，並調查油滴的運動情況。結果發現，油滴在電場受到的靜電力，會和油滴重力與空氣阻力的總和相抵消。

從上述關係式，便能求得油滴的電量。

密立根進行多次油滴實驗後，發現求得的電量一定會是某個數值的整數倍，並進一步掌握到電量實際上存在著最小單位，也就是 $1.602176620 \times 10^{-19}\,\mathrm{C}$。

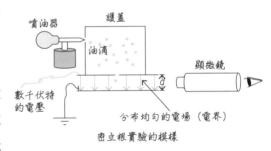

密立根實驗的模樣

這個數值便是**基本電荷**，亦是單一電子具備的電量。

再把「$\frac{e}{m} = 1.758820024 \times 10^{11}\,\mathrm{C/kg}$」代入「$e = 1.602176620 \times 10^{-19}\,\mathrm{C}$」，就能求得電子質量為「$m = 9.10938356 \times 10^{-31}\,\mathrm{kg}$」。

02 光電效應

只要把光照射在金屬板上就會發射出電子，此現象名叫光電效應。這個發現也讓我們掌握到，光其實具備粒子的特性。

光電效應

光電效應是光具有粒子性的證據

將擺了鋅板的驗電器施加負電，那麼驗電器的金屬箔片會跟著張開；對鋅板照射紫外線的話，箔片則會立刻閉起。箔片之所以會閉起，是因為負電消失的緣故。照射紫外線會讓鋅板釋出帶負電的電子，此現象即稱作**光電效應**。

帶負電會使
金屬箔片張開

照射紫外線

光電效應使電子
(負電荷)釋出，
箔片閉起

紫外線

引起光電效應的主因

● 照射光的振動頻率須達一定值（即低限頻率）才會形成光電效應

● 就算光線再怎麼強烈，當頻率未達低限頻率，便無法形成光電效應

可以透過下述內容，來解釋為什麼會有這樣的情況。

光是由名為光子的粒子所組成，一個光子帶有相當於 $h\nu$ 的能量（ h：普朗克常數　 ν：光的振動頻率）。

↓

金屬板裡的電子能接收一個光子所釋出的能量。當這股能量大於金屬的功函數（電子從金屬釋出所需的能量），就會形成光電效應。相反地，如果無法大於功函數，自然不會有光電效應。

為什麼星星再暗，我們還是找得到？

抬頭望向夜空，無論是明亮還是昏暗的星星，我們都能立刻找到。基本上不太會有星星太暗找不到的情況，這是為什麼呢？其實，這也是因為**光具有粒子性**所產生的現象。視網膜的感光細胞接收光線後，會朝腦部傳送訊號。不過，發送訊號需要接收差不多1電子伏特（eV）的能量，使細胞活化。

眼睛的水晶體能將來自星星的微弱光線聚集至視網膜上的狹窄區域。然而，如果光只具備波的特性（波動性），那麼這股能量會分散至許多細胞，使細胞活化變得費時。

不過以實際情況來說，細胞得以立刻活化，這是因為光具有粒子性的緣故。一個光子帶有數eV的能量。所以只要光是粒子，就能將這股能量傳送給一個細胞且不會分散。

[Business] 日曬程度取決於紫外線量

夏天陽光強烈，人在戶外的話會因此曬黑。日曬程度除了取決於陽光強度，也會隨地點有所變化。比較人在市區以及人在海邊，會發現去海邊會比較容易曬黑。

這是因為兩地**紫外線量不同**的緣故。城市受到空氣污染的影響，紫外線因此容易出現散射現象，尤以短波長的紫外線最容易散射，所以即便陽光再大，紫外線也不會特別強烈。

反觀，海邊的空氣污染較少，因此會照射大量紫外線。

振動頻率較大的紫外線光子帶有龐大能量，這股能量大到能把肌膚曬黑。可見光每個光子的能量很小，所以大量照射也不太容易曬黑。

03 康普頓效應

對物質照射 X 光時，X 光會朝各個方向散射。調查散射的 X 光，可以發現有些 X 光散射後的波長會變長。

Point

當光子動量變小，波長就會變長

對物質照射 X 光的話，會發現有些散射 X 光的波長變長，這又稱作**康普頓效應**。只要記住 X 光具備粒子性，就能得到下方論述。

X 光由許多光子組成。每個光子帶有 $p = \dfrac{h}{\lambda}$ 的動量（λ：X 光波長　h：普朗克常數）。

X 光的光子會和物質中的電子碰撞形成散射。根據能量守恆定律，電子動量增加的程度，會相當於 X 光光子動量減少的程度。

從上面的公式來看，所謂動量減少就代表波長 λ 變長。

由此可知，X 光會形成康普頓效應，其實就能證實 X 光具備粒子性。

📖 **利用動量守恆定律和能量守恆定律求出散射 X 光的波長**

接著就讓我們想想，X 光和電子碰撞產生散射時，具體來說波長會出現怎樣的變化。

假設情況如右。

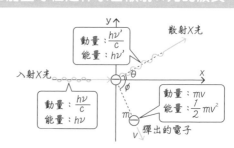

碰撞前的光子具備動量 $\frac{h}{\lambda}$。碰撞時會出現圖中不同方向的散射，假設波長變成 λ'，那麼動量守恆定律會如下所示。

x 軸方向：$\frac{h}{\lambda} = \frac{h}{\lambda'}\cos\theta + mv\cos\varphi$ … ①

y 軸方向：$0 = \frac{h}{\lambda'}\sin\theta - mv\sin\varphi$ … ②

接著能把等式中的項目交換位置，將①和②分別寫作 $mv\cos\varphi = \frac{h}{\lambda} - \frac{h}{\lambda'}\cos\theta$ 與 $mv\sin\varphi = \frac{h}{\lambda'}\sin\theta$。

另外，因為光子的能量可寫作 $\frac{hc}{\lambda}$（c 是指光速），那麼能量守恆定律會是：

$$\frac{hc}{\lambda} = \frac{hc}{\lambda'} + \frac{1}{2}mv^2 \quad \text{…} \quad ③$$

首先，將①、②交換位置後的算式平方並相加，既然我們知道 $\sin^2\theta + \cos^2\theta = 1$，那就會是 $m^2v^2 - \left(\frac{h}{\lambda}\right)^2 + \left(\frac{h}{\lambda'}\right)^2 - \frac{2h^2\cos\theta}{\lambda\lambda'}$

從③還可以導出：

$$m^2v^2 = 2hmc \cdot \frac{\lambda' - \lambda}{\lambda\lambda'}$$

這時，

$$\frac{2mc}{h} \cdot \frac{\lambda' - \lambda}{\lambda\lambda'} = \frac{1}{\lambda^2} + \frac{1}{\lambda'^2} - \frac{2\cos\theta}{\lambda\lambda'}$$

左右都乘以 $\lambda\lambda'$ 的話，當 $\lambda \doteqdot \lambda'$ 時，$\frac{\lambda'}{\lambda} + \frac{\lambda}{\lambda'} \doteqdot 2$，那麼

$$\frac{mc(\lambda' - \lambda)}{h} \doteqdot 1 - \cos\theta$$

最後就能以 $\lambda' = \lambda + \frac{h}{mc}(1 - \cos\theta)$ 求出散射後的波長。

04 粒子的波動性

從康普頓效應可以看出波動具備粒子性，也能得知粒子其實也具備波動性。

Point

把粒子視為一種波的話，可稱作物質波

如果光線、X光這類電磁波具備粒子性，是不是也意味著粒子具備波動性？提出此假設的人名叫德布羅意（Louis de Broglie），所以又將這種波稱為**德布羅意波**（De Broglie wave，或物質波）。

德布羅意波的波長可表示如下：

$$\lambda = \frac{h}{p} = \frac{h}{mv} \quad (p：粒子動量的大小 \quad h：普朗克常數)$$

等到我們發現，以高電壓加速電子匯集成的電子束，具備波所擁有的繞射特性，才證實這個假設是正確的。

電子波長非常短

說到德布羅意波，我們已知當**粒子動量愈小，波長愈長**。

所有物體都表現出波動性，當物體愈大，動量當然會愈大，相對地波長就會非常之短，所以要確認波動性其實相當困難。有鑒於此，實質上需要探討波動性的，就會是電子這類非常微小的粒子。電子質量約為 $9.1 \times 10^{-31} \mathrm{kg}$。假設電子會以 $1.0 \times 10^{8} \mathrm{m/s}$（光速的三分之一）的速度運動。普朗克常數為 $6.6 \times 10^{-34} \mathrm{j \cdot s}$，因此可以求得電子波長為：

$$\lambda = \frac{6.6 \times 10^{-34}}{9.1 \times 10^{-31} \times 1.0 \times 10^{8}} \fallingdotseq 7.3 \times 10^{-12} \mathrm{m}$$

這可是非常非常小的數值。可見光的波長介於 $3.8 \times 10^{-7} \sim 7.7 \times 10^{-7}\,\mathrm{m}$，電子波長遠比可見光來得短。

有了這麼短的波長，就能看見非常微小的物體。

光學顯微鏡使用的是可見光。就算再怎麼精密的物體，能觀察到的大小也會受到可見光波長的限制。

如果換成電子顯微鏡，則是能看到非常非常小，相當於 $10^{-12}\,\mathrm{m}$ 的物體。這可是比原子還要小的尺寸，所以有了電子顯微鏡就能觀察且辨識出一個個原子。

若進一步施加高壓電的話，還能讓電子加速，當速度愈快，波長就愈短，如此一來將能看見愈小的物體。

這麼說來，似乎只需要使用短波長的X光即可。不過X光會遇到一個問題，那就是很難像可見光一樣地匯集或擴散開來。

不過，只要對電子施加電廠或磁場後，X光就能像可見光一樣匯集在一起，這相當於光學顯微鏡中透鏡聚光的部分。

電子顯微鏡就是像這樣運用電子束的特性開發而成。有了電子顯微鏡，我們便能觀察如原子般微小的物體囉。

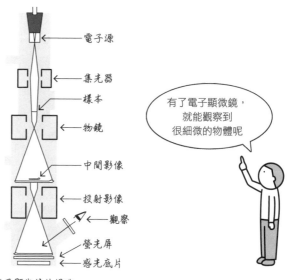

電子顯微鏡的構造

05 原子模型

原子已經小到肉眼無法直接看見，不過邁入20世紀之初，人們更開始探究原子裡究竟是什麼模樣，也讓世人得以了解原子內部結構。

📖Point

原子核會使 α 粒子散射

拉塞福原子模型

拉塞福（Ernest Rutherford）透過實驗，發現原子實際上非常接近右圖的原子模型。

拉塞福用 α 粒子（氦原子核，是比原子還要小非常多的粒子）照射金箔時，發現 α 粒子基本上都會維持原有路線穿過金箔，僅極少部分的 α 粒子會出現行進方向大幅改變的情況（大角度散射）。

帶正電的核心
電子

電子（負電）
原子核（正電）
拉塞福原子模型

原子的構造

只要假設原子大部分的質量都集中在中心極小的區域內，就能充分說明為什麼會出現這樣的現象，接著更能掌握到原子構造就像下圖一樣。

原子中心是由包含了**質子**（帶正電）和**中子**（不帶電）的**原子核**組成，周圍還有**電子**（帶負電）環繞。

中子數量取決於原子，質子和電子的數量其實也取決於原子，不過質子和電子兩者數量一定相同。另外，質子和中子的質量基本也會相當，而且會是電子質量的1,800倍以上。

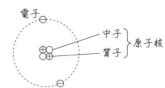
電子
中子
質子
原子核

根據上述內容，就能發現原子質量幾乎集中在中心（原子核）。

從拉塞福實驗所掌握到的原子模型中，還可以發現一件非常有趣的事情。

原子大小雖然會依種類有所不同，但差不多是10^{-10}m，這已經是小到看不見的程度。

不過，原子裡的原子核更小，約莫為10^{-15}～10^{-14}m。就算是最大的10^{-14}m，仍只有原子（10^{-10}m）的一萬分之一。

如果用巨蛋球場來比喻一個原子的話，原子核就相當於放在球場中央的1日元硬幣，存在感小到算掉到地上也很難察覺。

構成原子的要素是原子核和電子。這表示沒有原子核和電子的區域就不存在任何東西，猶如**真空狀態**。

如果說原子核真的只是原子裡極小區域的話，那麼原子絕大部分的區域（超過99%）都處於真空狀態。

你現在可能是坐在椅子上，或是站在電車裡閱讀本書。無論是椅子還是電車地板皆由原子所構成。如果絕大多數的原子都呈現真空，即表示椅子和電車地板都是空心狀態。我們真的能放心地坐在這種椅子嗎？量子力學就是能帶領我們探究這麼意想不到的世界呢。

06 原子核衰變

有些原子核的狀態穩定，但有些卻不穩定。這些不穩定的原子核會釋放輻射，並轉變成另一種原子核，此過程就稱為放射性衰變。

Point
放射性衰變釋出的輻射可分成三種

原子核的**放射性衰變**包含 α 衰變和 β 衰變。

α 衰變

釋出 α 射線（＝氦原子核：2個質子＋2個中子）。

…質子數減4，原子序減2。

（例） $^{226}_{88}\text{Ra}$　→　$^{222}_{86}\text{Rn} + ^{4}_{2}\text{He}$

β 衰變

釋出 β 射線（＝電子）。

…質子數不變，原子序加1（中子變成質子和電子後，質子會繼續保留，電子則會釋出的緣故）

（例） $^{206}_{81}\text{Tl}$　→　$^{206}_{82}\text{Pb} + \text{e}^{-}$

半衰期

α 衰變和 β 衰變形成的原子核幾乎都是處在不穩定的激發態，會以電磁波的形態釋出多餘能量，逐漸轉變成穩定狀態。這時釋出的電磁波是 γ 射線。

放射性原子核數量減少的同時會逐漸衰變，數量減半所需的時間稱作**半衰期**。半衰期則會依原子核的種類有長有短。

（例）

原子核	半衰期
^{14}C	5,700年
^{40}K	1.25×10^{9}年
^{222}Rn	3.82日

應用在工業、醫療與農業中的輻射線

各位普遍知道輻射線會被應用在醫療產業，相信也有不少人知道，輻射線還可見於農業範疇，例如抑制馬鈴薯發芽。

但大多數的人應該就不知道，**其實工業也經常出現輻射線的蹤影吧？**

Business 提升材料性能

照射輻射線能夠改變物質特性。如果以陰極射線照射輪胎橡膠，就能使橡膠纖維結構改變，控制黏著性。

另外，網球拍使用的網球線過去都是以羊腸製成，現在則換成尼龍等化學纖維，只要照射 γ 射線，就能增加網球線的彈性。

Business 非破壞檢測與耐久性檢測

非破壞檢測是指在不破壞檢測對象的前提下，確認材料內部有無損傷或缺陷，檢測時會使用 X 光或 γ 射線。

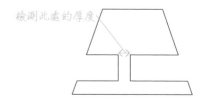

檢測此處的厚度

至於耐久性檢測，則是會對受測材質持續照輻射，調查該材質承受輻射的能力，像是太空船使用的太陽能板就是以這種方式確認耐久性。

想要知道物質的內部結構，一般來說會需要將物質做某種程度的破壞，但是非破壞檢測和耐久性檢測完全不用破壞物質，就不難理解是多麼棒的檢測方式了。

07 原子核的分裂與融合

原子核其實會發生分裂與融合這兩種完全相反的反應。依照不同的原子核種類，有些會發生分裂，有些則會發生融合。

Point

所有的原子核都會愈來愈接近最穩定的鐵原子核

核融合

原子核的融合反應稱為**核融合**。

（例）　$4{}_1^1\mathrm{H} \rightarrow {}_2^4\mathrm{He} + 2\mathrm{e}^+ + 2\nu$　（e^+：正電子　ν：微中子）

核融合會發生在比原子序26的鐵原子（${}_{26}^{56}\mathrm{Fe}$）還要小的相同原子核之間。

核分裂

原子核的分裂反應稱為**核分裂**。核分裂基本上不會自然發生，但如果對著大型原子核照射中子，就有可能形成核分裂。

（例）　${}_{92}^{235}\mathrm{U} + {}_0^1\mathrm{n} \rightarrow {}_{56}^{144}\mathrm{Ba} + {}_{36}^{89}\mathrm{Kr} + 3{}_0^1\mathrm{n}$

核分裂會發生在比原子序26的鐵原子（${}_{26}^{56}\mathrm{Fe}$）還要大的原子核。

根據上述內容，這時就能理解到所有原子核中，就以${}_{26}^{56}\mathrm{Fe}$最穩定。換句話說，比較小的原子核會融合並接近${}_{26}^{56}\mathrm{Fe}$，比較大的則會靠分裂接近${}_{26}^{56}\mathrm{Fe}$。

📖 核融合是夢幻能源

隨著地球暖化愈趨嚴重，非常擔心化石燃料耗盡的人類開始摸索能改變現行火力發電的環保發電方式。

當中的核能發電是目前已經投入實際運用的技術。核能發電仰賴的是**鈾的核分裂反應**。鈾的原子序為92，有著非常龐大的原子核。當鈾原子核分裂就會靠近原子

序26的鐵，並漸趨穩定，在這過程中，則會釋放出多餘的能量，核電廠便是利用這些能量來發電。

地球擁有豐富鈾礦。而且，鈾的核分裂不會排出二氧化碳，因此在實際運用上備受期待，想必今後人們將會持續進行相關研究。然而，鈾的安全性和放射性廢棄物等諸多課題也是不容忽視。

核融合和核分裂一樣，都能釋放龐大能量，只要好好運用這股能量，想必也是能滿足發電目的。此型態又稱作**核融合發電**，目前雖然尚未投入實際運用，但世界多國皆持續研究中。

Business 太陽內部其實持續進行核融合

地球之所以能夠存在，都要多虧核融合。不過，核融合實際上是發生在太陽內部。

太陽中心處存在大量氫氣。這些氫氣會以下面的關係式點燃核融合反應：

$$4{}^1_1\text{H} \quad \rightarrow \quad {}^4_2\text{He} + 2e^+ + 2\nu$$

最後轉變成氦。

每經過一秒，太陽的內部就會有6,000億公斤的氫核融合為氦，且每秒釋出約3.8×10^{26} J的能量，地球僅從中接收到極少部分的能量。

這時，我們也能理解到，太陽正以非常驚人的速度消耗氫。不過，太陽的質量高達2×10^{22}億公斤，所以目前看起來還不用擔心氫能量耗盡（預估還可撐個50億年）。

太陽中心之所以能夠持續核融合，是因為溫度極高的關係。如果地球也想要透過核融合產生能量，就必須提供一樣高溫的環境。而這也是實現核融合發電所需面臨的課題。

厚度量測

造紙廠生產衛生紙的時候，為了檢測衛生紙的厚度，會用到β射線。

β射線能勉強穿越紙張（參照下圖），但隨著紙張厚度不同，β射線的穿透量也會改變。因此只要量測穿透量，就能得知紙張厚度。

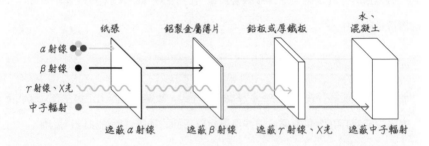

另外，金屬鐵在進行延展加工時，也會藉由輻射的穿透量來確認厚度。鐵加熱時的溫度高達數千度，當然無法直接測量厚度，這時用輻射測厚就非常方便。

另外，像是遇到食品包裝用膜材、鋁箔等必須厚度均勻的情況，同樣能用輻射精準量測厚度。據說從兩側挖鑿隧道時，也能用γ射線調查隧道剩餘的厚度呢。

化學篇
理論化學

世界上存在許多的化學反應，而這些反應也被運用製造各式各樣的產品。

本章會先學習與化學相關的理論。無論哪種化學反應，都是**「基於某種原因，才會出現這樣的變化」**。搞懂這個部分將是掌握化學的捷徑，所以才會說**理論化學**是學習化學之始。

接著，將化學理論加以應用又會延伸出無機化學和有機化學。在商業現場更可說是充滿具體範例，讓我們知道這些化學反應又會被拿來做怎樣的實際應用。如果要知道化學理論是如何活用在具體範例中，就必須充分掌握理論化學。

學習理論化學之路上，最重要的是「**微觀之眼**」。學習化學時，若能用稍微有別於日常的觀點，就能降低理解難度，這正是所謂的「微觀之眼」。

這裡，我們會把肉眼看不見的世界以「微」（micro）這個字來表述。具體來說所指的就是原子、分子等構成物質的微小粒子。這些微小粒子集結後，就能構成世界上的所有物質。

當各位理解到物質是由一個個微小粒子所構成，那麼將微小粒子集結後，便能掌握到某個宏觀、巨大物質的特性，所以微小與巨大是緊密相連的。

想要深入了解化學，計算將是不可欠缺的環節。思考化學計算的過程必須以「**物量（莫耳）**」為基礎。這也是學習高中化學時會遇到的首個關卡，相信不少人為此吃盡苦頭。

若要作為文化知識學習

　　然而，物量（莫耳）這個概念絕對不是加深化學難度的存在，它反而是讓我們更容易思考這種現象的道具。所以各位在複習時，腦中務必有此認知。

對於工作上需要的人而言

　　舉例來說，電池靠化學反應產生電流。如果不懂得其中道理，將無法開發出電池。目前可見各種電池，輕盈持久的電池就是電動車不可或缺的零件。即便是全球邁向去碳化的過程中，化學反應仍是最關鍵的環節，必須靠化學反應才有辦法打造而成的產品更是不勝枚舉呢。

對考生而言

　　如果不先掌握化學的理論，考生們就會變得一味地死背化學。如果不想讓化學枯燥乏味，理解箇中道理尤其重要。透過深入了解理論化學，甚至能察覺多種物質間的連結。

01 混合物的分離

世界萬物基本上都是由2種以上物質摻雜而成的混合物，我們能夠將裡頭的物質一個個分離出來加以運用。

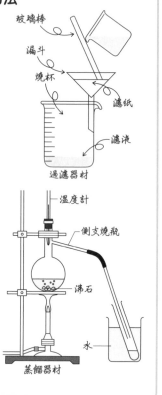

玻璃棒
漏斗
燒杯
濾紙
濾液
過濾器材

溫度計
側支燒瓶
沸石
水
蒸餾器材

Point

不同的混合物種類要用不同的分離方法

分離混合物的方法可分成下面幾種。

過濾

利用濾紙從摻雜固體和液體的混合物中分離出固體。

蒸餾

將多種沸點不同的液體混合物或是溶有固體的液體加熱，利用沸點差異分離物質。

萃取

利用物質對溶劑的溶解度差異，從混合物將特定物質溶入溶劑。

層析

讓混合物連同溶劑移動至濾紙或矽膠等膠體粒子中，利用移動速度的差異予以分離。

理解混合物特性差異，選擇合適的分離法

分離混合物有幾種方法。要選擇哪種方法，將取決於**欲分離物質在特性表現上的差異**。Point其實已經彙整出應用特性上的差異，由於層析法較難懂，接下來會稍

作補充說明。

我們也能用身邊的物品輕鬆進行層析。例如將厚紙切成細條狀，以水性筆在距離邊緣數公分處做記號，將紙條浸水，但不可淹過記號處。放置一段時間後，就會看見墨水所含的色素如右圖般出現分離。

用這種方法就能得知水性筆的墨水中包含哪幾種顏色的色素。用筆畫記號時，紙張會吸附色素，但每種色素的吸附力不盡相同。

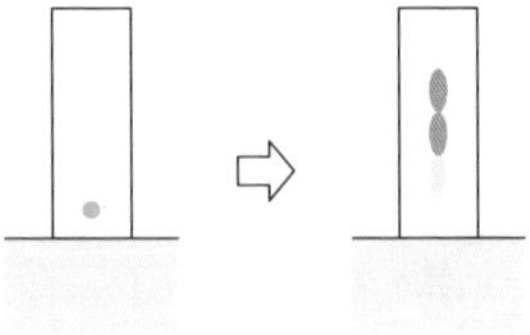

紙張吸水的同時，色素也會跟著移動，當色素對紙張的吸附力愈強，移動速度就會愈緩慢。

所謂**層析**，就是利用這項特性差異的手法。

▸Business 石化工業區內的作業

我們使用的燃料多半是以蒸餾石油的方式取得，從地底挖掘出的石油（原油）含有右述成分，這些成分的沸點都不同。

想要使用這些燃料的話，就必須將每種成分區分開來。這時會利用**各種成分沸點不同的特性搭配蒸餾作業**，而這項作業會在石化工業區進行。

成　分	沸　點	應用範疇
液化石油氣	30℃以下	瓦斯爐、計程車用燃料
石腦油	30～180℃	塑膠原料
煤油	180～250℃	加熱器、飛機燃料
輕油	250～320℃	卡車燃料
重油	燃點更高	鋪裝路面、火力發電燃料

除此之外，醫院或實驗室使用的氧氣、氮氣也都必須蒸餾生產。這些雖然都是空氣成分，但全部混雜於空氣中，所以必須透過沸點不同（氧氣為-183℃、氮氣為-196℃）的特性，進行蒸餾分離。

02 元素

這個世界上所有物質都是由一種肉眼看不見，名叫原子的微小粒子集結而成，目前已知的原子種類就超過100種。

Point

原子種類又稱作元素

原子可以分成很多種，不同的原子種類又稱作**元素**。每個原子都會有**原子序**，把元素依照原子序排列後就可以得到**週期表**。看過週期表便能掌握世界上所有的元素囉。

	1	2	3	4	5	6	7	8	9	10	11	12	13	14	15	16	17	18
1	1 H 氫																	2 He 氦
2	3 Li 鋰	4 Be 鈹											5 B 硼	6 C 碳	7 N 氮	8 O 氧	9 F 氟	10 Ne 氖
3	11 Na 鈉	12 Mg 鎂											13 Al 鋁	14 Si 矽	15 P 磷	16 S 硫	17 Cl 氯	18 Ar 氬
4	19 K 鉀	20 Ca 鈣	21 Sc 鈧	22 Ti 鈦	23 V 釩	24 Cr 鉻	25 Mn 錳	26 Fe 鐵	27 Co 鈷	28 Ni 鎳	29 Cu 銅	30 Zn 鋅	31 Ga 鎵	32 Ge 鍺	33 As 砷	34 Se 硒	35 Br 溴	36 Kr 氪
5	37 Rb 銣	38 Sr 鍶	39 Y 釔	40 Zr 鋯	41 Nb 鈮	42 Mo 鉬	43 Tc 鎝	44 Ru 釕	45 Rh 銠	46 Pd 鈀	47 Ag 銀	48 Cd 鎘	49 In 銦	50 Sn 錫	51 Sb 銻	52 Te 碲	53 I 碘	54 Xe 氙
6	55 Cs 銫	56 Ba 鋇	L 鑭系元素	72 Hf 鉿	73 Ta 鉭	74 W 鎢	75 Re 錸	76 Os 鋨	77 Ir 銥	78 Pt 鉑	79 Au 金	80 Hg 汞	81 Tl 鉈	82 Pb 鉛	83 Bi 鉍	84 Po 釙	85 At 砈	86 Rn 氡
7	87 Fr 鍅	88 Ra 鐳	A 錒系元素	104 Rf 鑪	105 Db 𨧀	106 Sg 𨭎	107 Bh 𨨏	108 Hs 𨭆	109 Mt 䥑	110 Ds 鐽	111 Rg 錀	112 Cn 鎶	113 Nh 鉨	114 Fl 鈇	115 Mc 鏌	116 Lv 鉝	117 Ts 鿬	118 Og 鿫

明明是由同個元素構成，特性卻不同

鉛筆芯是由以石墨為主要成分的碳塊製成的產物，將石墨混合黏土固化後，就是鉛筆芯。

不過，聽到閃耀昂貴的鑽石竟然也是由碳組成時，各位肯定都會大吃一驚吧。沒錯！無論是石墨還是鑽石，材料可是一模一樣呢。

像這種明明是由相同元素構成，特性表現卻不同的物質又稱為**同素異形體**。其他常見的例子還包含了氧氣和臭氧。

氧氣是我們生存必備的氣體。不過氧氣和紫外線起反應後可能會變成臭氧，並形成位於上空數十公里處的臭氧層。

臭氧層能幫地球擋下紫外線，臭氧與紫外線反應後會變回氧氣。紫外線能讓氧氣變成臭氧，也能讓臭氧變回氧氣，這是因為波長不同的緣故，所以兩種反應皆能成立。

既然氧氣和臭氧的材料都相同，當然也算是同素異形體囉。

不過，為什麼構成兩者的元素相同，表現出來的特性卻不同？這個祕密在於原子間的集結方式。所以啦，不只是種類，就連原子的集結方式也很重要呢。

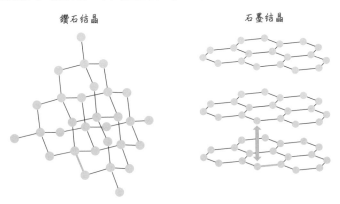

鑽石結晶　　　　　　　　　石墨結晶

Business 為什麼煙火能有各種顏色？

說到夏天，當然少不了繽紛燦爛的煙火，煙火之所以能有不同顏色，都是因為**材料中元素的差異**。

物質與火焰接觸時，裡頭所含的元素會形成特有的顏色，一般又稱為**焰色反應**。右圖彙整了不同元素所對應的顏色。

煙火的火藥便是巧妙結合了這些元素，才有辦法展現出預期的色彩。

內含元素	顏色
鋰	紅
鈉	黃
鉀	紫
鋇	黃綠
鈣	橘
銅	藍綠
鍶	紅

03 原子的結構

開始探索構成所有物質的原子後，又發現原子裡頭其實別有洞天。

Point

構成原子的要素是「質子」、「中子」、「電子」

目前已知原子的構成要素如下。

- **質子**帶正電，**電子**帶負電，兩者的絕對值相同。另外，一個原子裡的質子和電子數也會相同，所以原子為電中性。

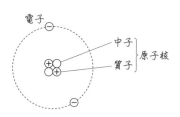

- **中子**不帶電，質子和中子集結後就是**原子核**。

- 原子裡的質子數量名叫**原子序**，將元素依照原子序排列後就會是週期表。

- 質子和中子相加的總和稱為**質量數**。這是因為質子和中子的質量幾乎相等，電子的質量則是小到可以忽視，所以探討原子質量時會只看質子和中子的加總。

原子可以分割

「Atomos」的日文及中文都翻成「原子」，不過這個詞其實還有「不可分割」的意思。因為19世紀以前，人們一直認為原子是物質的最小單位。不過，就在進入20世紀後，我們才知道其實原子裡頭還有東西。這也意味著原子並非最小單位。

人類是先發現原子的核心會侷限在某個區域，才進一步察覺到原來原子還可以細分出結構。這是20世紀初英國人拉塞福透過實驗發現的。拉塞福用 α 粒子照射金

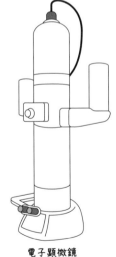

箔，並從 α 粒子散射的模樣，察覺所有原子的中心都會存在原子核。右圖則是金原子核所造成的 α 粒子散射。

目前我們已知原子核的大小約莫為 10^{-15} ～ 10^{-14} m，而原子本身差不多 10^{-10} m 大。雖然兩者都非常非常微小，但與原子相比，原子核更是只有原子的 10^{-5} ～ 10^{-4} 倍（十萬分之一～萬分之一）。

這其實意味著原子內部基本上不存在任何東西，可說是**名符其實的真空狀態**呢。

α粒子

● 原子核

拉塞福的實驗

無論是你我的身體，還是能讓我們安心坐下的椅子，構成這些物質的原子有 99％以上處於真空，在真空狀態下竟然還能讓物質如此穩定，想想可真是奇妙呢。

▶ Business 透過電子顯微鏡觀察

使用電子顯微鏡，就能直接看見構成物質的原子。電子顯微鏡所運用的，是繞行在原子周圍帶負電的電子。

電子顯微鏡是極小世界調查研究中非常重要的儀器，能從原子的角度觀察物質。舉例來說，我們能用電子顯微鏡觀察厚度只有 0.0001 公尺的超薄金箔。透過顯微鏡的鏡頭，會發現金箔其實是由多達 3,000 個的金原子堆疊而成。有了電子顯微鏡，人們就能看見物質有著怎樣的原子結構囉。

電子顯微鏡

04 放射性同位素

就算是原子序相同的原子，還是有可能出現中子數不同的情況。當
中子數不同，就會衍生出不同的特性。

Point

放射線可以分幾個種類

同位素

原子序相同（質子數一樣），但中子數不同的原子又名**同位素**。只要原子序一樣，就算中子數量不同，週期表中還是會放在同個位置。

同位素的化學特性幾乎一樣，而同位素中的某些原子會釋出放射線，又可稱作**放射線同位素**。

放射線種類

放射線可分成下面幾種。

● α 射線：氦原子核以相當於光速5%的速度前進

氦原子核 ⊕⊕⊖⊖ ⟶

● β 射線：電子以相當於光速90%的速度前進

電子 ⊖ ⟶

● γ 射線：電磁波（以等同光速的速度前進）

只有少部分的同位素會釋出放射線

這裡就以碳原子C為例，下頁表中列出了碳原子的同位素。

自然界存在著非常多的碳原子，但其中99％都是$^{12}_{6}C$。剩下的1％多半為$^{13}_{6}C$，$^{14}_{6}C$的占比可說少之又少。

碳原子的同位素	中子數
$^{12}_{6}C$	6
$^{13}_{6}C$	7
$^{14}_{6}C$	8

在這幾個同位素中，**只有$^{14}_{6}C$會釋出放射線**，所以稱其為放射性同位素。

Business 作為定年法應用

大氣中含二氧化碳，二氧化碳裡頭帶有碳C，而碳當中$^{14}_{6}C$會維持一定占比。

植物會持續從大氣吸收二氧化碳，所以活著的植物也會保有固定的$^{14}_{6}C$占比。不過，當植物枯萎就無法吸收二氧化碳，這時將出現變化，也就是會$^{14}_{6}C$釋出放射線，且變成其他種類的原子。換句話說，**植物枯萎後$^{14}_{6}C$的含量也會跟著減少**。

$^{14}_{6}C$起變化的過程中會釋出放射線，其含量減半大約需花費5730年，我們又稱作半衰期。半衰期更是測定年代非常重要的手法。

假設我們從遺跡中找到木頭，那就可以調查木頭中$^{14}_{6}C$的占比，接著和大氣中$^{14}_{6}C$的占比來比較。如果遺跡木頭的$^{14}_{6}C$只剩一半，就表示這塊木頭大約是5730年前被鋸下（作成遺跡）。當占比剩下四分之一，則代表木頭的年代可以追溯到5730年的2倍（也就是11460年前）。

利用$^{14}_{6}C$的占比，能讓我們掌握物質的放射能，而這個數字更意味著物質存在於世上究竟有多長的時間，可說是能帶領我們跨越時代、展開時間旅行的道具。看來，放射性同位素對於歷史考證探究相當重要呢。

05 電子組態

原子裡頭會存在著和質子同數量的電子，不過這些電子會排列在特定位置上。

☝ 帶電子的殼層有數量限制

原子中，電子所在的空間又名**電子殼層**。電子殼層有很多個，距離原子核由近到遠的名稱分別如下。這些電子殼層會有可容納最多電子的數量限制，一旦超過數量，電子就無法進入。

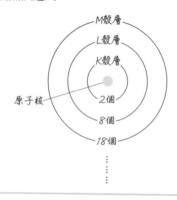

📖 電子掉入時的規則

原子裡頭會有幾個電子能進入的區域，而且數量還有限制，所以出現大量電子時，這些電子將分散至不同區域。

不如先假設只有1個電子，那麼就會是原子序排在1號的氫原子。

雖然氫原子只有1個電子，但不代表它可以隨意進入每個電子殼層。這個電子實際上會進入最內側的K殼層，換句話說，電子**會盡可能地從內側的電子殼層依序配置**。不過，還是有可能出現內側尚未全數填滿前，就有1個電子進入外側殼層的情況。其實當中存在下頁提到的規則性，也就是電子的填埋方式會從下圖的①開始

並依照箭頭方向進入殼層中。

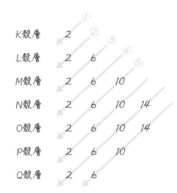

電子像這樣依序排列進入殼層的規則性稱作**電子組態**。

排列於最外側的電子名叫**最外層電子**。其實元素週期表中，最外層電子數相同的元素會縱排成列。這是因為最外層電子數對原子特性的影響很大，數值一樣的元素特性表現也會相似。

週期表中，位於同一縱列的元素群又稱作**族**。

對了，電子殼層之所以從K，而不是從A殼層開始，是因為發現之初，人們認為「說不定內側還存在尚未發現的電子殼層，如果又發現新的電子殼層，就能用A～J來命名」。

半導體原料

原子序14的矽Si元素是半導體產業非常重要的材料，會使用於電路零件。

半導體常見的元素還包含了原子序32的鍺（Ge），這是因為鍺和矽的特性十分相近。

兩者皆屬於週期表第14族，也就是說它們擁有的最外層電子數相同。特性表現接近，才會都被作為半導體材料。

矽是岩石的主要成分，相當常見於大自然中，所以人類可是很懂得利用矽這個元素呢。

06 離子

原子可以分成穩定原子和不穩定原子，這取決於原子的電子組態。

Point

惰性氣體是原子的理想狀態

正如05所言，原子裡頭的電子配置有其規則性。

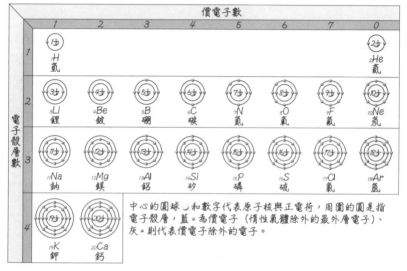

中心的圓球○和數字代表原子核與正電荷，周圍的圓是指電子殼層，藍●為價電子（惰性氣體除外的最外層電子）、灰●則代表價電子除外的電子。

原子核、電子殼層與電子組態

　舉例來說，原子序為2的He會將K殼層完全填滿，所以再下一個，原子序為3的Li會有電子進入外推一層的L殼層。如果是原子序為10的Ne，L殼層更會被8個電子填滿，而原子序11的Na會有電子進入外推一層的M殼層。

　電子會像這樣很有規則地填滿，而某個電子殼層，這時原子也會處於非常穩定的狀態（又稱作**惰性氣體**）。

　非惰性氣體的原子也會試著變成惰性氣體，這時就需要改變電子組態，所以才會有離子的誕生。

📖 離子的電子組態和惰性氣體一樣

這裡就來進一步探討原子序為11的鈉Na。Na的電子組態如右圖。

如果今天少了位於M殼層的那個電子，那麼電子組態就會和原子序10的氖Ne相同，且呈現穩定狀態。實際上，Na原子確實能釋出一個電子，變成和Ne相同的電子組態。

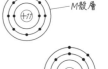

M殼層

這時，位於原子核的質子數不會改變，也就是正電數不變，負電數減少的意思。那麼原子的帶電狀態將為 $+11-10 = +1$。

當原子像這樣處於帶電狀態時即稱為**離子**，這時會標示為Na^+。

再介紹其他例子。如果是原子序17的氯原子Cl，電子組態會像右圖一樣。以氯原子的情況來說，若能從M殼層釋出7個電子當然是最好，但實際上非常有難度。換個角度來看，如果讓M殼層再接收1個電子的話，電子組態就會變得和原子序18的氬Ar一樣，進入穩定狀態。

氯Cl的帶電狀態會變成 $+17-18 = -1$，因此會標示為Cl^-。

根據上述內容，我們可以得知有些離子帶正電，有些則帶負電。帶正電的稱作**陽離子**，負電則為**陰離子**。

💻 Business 離子空氣清淨機的構造

有些空氣清淨機具備產生離子的功能。

離子空氣清淨機則是透過高電壓，讓空氣中形成一股流動的離子，接著利用離子讓空氣中的微粒子（灰塵或粉塵）帶電。

微粒子帶電後將會朝正極或負極靠近（帶電狀態會讓離子朝相反的電極靠近），如此一來空氣就能變乾淨嘍。

07 元素週期律

週期表裡的元素會依照原子序大小排列，特性相似的元素則會有規律地循環出現，稱為週期律。

> **Point**
>
> ## 特性相似的「同族元素」
>
> ● 週期表的元素會依照原子序大小排列，而元素原子的最外層電子數會一個個不斷增加。當一個電子殼層填滿8個電子，就會朝下一行（週期）邁進，這時可以發現，最外層電子數等的元素會排在同一縱列。
>
> ● 週期表中位於同一縱列的元素群又可歸類為**族**。隸屬同一族的元素名叫**同族元素**。
>
> ● 週期表一共有18列，其中又以第1、2、17、18列的元素特性最為相似。這幾列元素還被取了特別的名稱。
>
>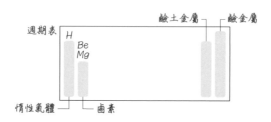

📖 為什麼不常看見單質的鹼金屬？

　　2019年的諾貝爾化學獎，頒給了對鋰離子電池開發帶來諸多貢獻的日本化學家吉野彰。以鋰離子電池來說，鹼金屬之一的**鋰（Li）**可是極為重要的元素。

　　不過，我們卻會發現，日常生活中其實找不到單質的鋰金屬，就算真的找到也會立刻溶於水，這是因為單質的鹼金屬相當敏感。

其實不只是鋰，鈉（Na）、鉀（K）等鹼金屬也都**容易溶於水**。這些金屬溶於水的同時還會產生大量的熱，甚至起火燃燒，所以我們在日常生活中很難看到單質鹼金屬的存在。

實驗室會將鹼金屬存放在煤油中。這樣不僅能預防鹼金屬與空氣中的水蒸氣起反應，也能避免鹼金屬受空氣中氧氣的影響而立刻生鏽。

［Business］ 氦則是常見於醫療應用

所有元素中，最穩定的惰性氣體經常出現在下面幾種場合。

聽到氦（He）這個元素時，不少人應該都會聯想到飄在空中的氣球，但其實醫療也需要用到大量的氦。氦的沸點非常低，為 -269℃，當某種物體需要急遽降溫時，就很適合使用液態氦，例如許多醫療儀器都會有冷卻的需求。

氖（Ne）則會出現在霓虹燈裡。將氖氣 Ne 封入霓虹燈後施加電壓，就能發出獨特的顏色。

氬（Ar）是空氣中占比約1%的氣體。當我們進行焊接作業時，就會需要噴附氬氣。因為氬氣較不敏感，能用來預防金屬生鏽。

08 離子晶體

如果物質是由離子構成，那麼當中的離子會整齊排列，這種結構又稱作離子晶體。

Point
離子會以電量總和為零的方式排列

氯化鈉是由 Na^+ 和 Cl^- 組成的物質，兩者分別是帶有1個正電、1個負電的離子，所以結合後的電量總和會是零。

離子性物質的特徵

● 周遭的物質不帶電，所以出現離子時，陽離子就會和陰離子結合，使電量總和為零。

● 現實生活中的物質帶有無數個離子，而這個數值並非具體的計量數字，反而會以數值比來呈現。

● Na^+ 和 Cl^- 以 $1:1$ 組成的物質氯化鈉可寫作 $NaCl$，亦稱為**化學式**。

● 如果是由 Mg^{2+} 和 Cl^- 構成的氯化鎂，由於電量總和為零，所以 Mg^{2+}：Cl^- 會是 $1:2$，那麼氯化鎂的化學式即是 $MgCl_2$。

📖 離子晶體的特性

離子晶體的離子會像右圖一樣整齊排列，且具備下述特性。

● Na^+　　● Cl^-

● 固體狀態下無法導電

離子晶體裡的離子無法自由運動，當然不能導電。不過，離子晶體溶解後的水溶液就能導電，因為溶於水後，離子就能自由移動。**帶電離子的運動變化就是所謂的電流（電荷流動）。**

另外，將離子晶體加熱至熔點使其熔化時（也就是變成液體），同樣也會產生電流。舉例來說，液體的氯化鈉其實不常見，因為氯化鈉的熔點非常高，達801℃。但是只要有辦法加熱到這個溫度，氯化鈉就能變成液體。

變成液體後，離子就能自由運動，並形成電流。

● 質地堅硬卻又脆弱

離子晶體的離子結合（離子鍵）狀態非常穩固，所以質地表現上也很堅硬，靠人力無法輕易破壞。

不過，離子晶體從某個角度來說又很脆弱，因為只要朝固定方向施力，就有可能突然破裂。如果像右圖一樣施予壓力，讓其中一個離子位移的話，**原本呈現結合狀態的離子之間就會形成一股反作用力，造成破裂。**

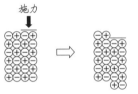

Business 發泡入浴劑的原理

發泡入浴劑內含碳酸氫鈉（$NaHCO_3$），這是由鈉離子（Na^+）和碳酸氫離子（HCO_3^-）組成的離子晶體。

為什麼把入浴劑放入熱水時就會冒泡呢？因為發泡入浴劑還加了一種名叫反丁烯二酸（Fumaric Acid）的酸性物質。其實碳酸氫離子（HCO_3^-）是由二氧化碳所構成，二氧化碳本身也是酸性，但反丁烯二酸更酸。這些物質起反應後，弱酸性的二氧化碳就會被釋放出來，這也是為什麼發泡入浴劑會冒泡的原因。

09 分子

原子鮮少能單獨存在，多半會以複數個的形式集結，其中包含了透過共價鍵構成的「分子」。

Point

構成分子的目的，是為了實現「類似惰性氣體」的電子組態

- 所有元素中，就屬惰性氣體這一族最穩定。其他元素也會努力地朝和惰性氣體一樣的電子組態邁進，其中一個辦法就是變成離子。不過，遇到下面這幾種情況時要離子化會有難度。

例如：氧原子O和氧原子O結合時

- 氧原子O如果擁有2個電子，就能變成和惰性氣體（Ne）一樣的電子組態。假設想靠離子化實現這樣的組態，只要氧原子O都變成O^{2-}即可。

- 不過，這表示雙方都必須取得多餘的電子，但少了供應來源，自然不可能實現。對此，就要讓氧原子「彼此釋出2個電子，並共享這些電子」，如此一來，雙方都能分別增加2個電子。這種結合方式稱為**共價鍵**。

📖 分子的表示方式

由2個氧原子共價鍵形成的集合稱作**氧分子**。換句話說，原子共價鍵後就會構成分子。

氧分子又能以「O＝O」來呈現，當中的＝雙線代表每個氧原子分別提供2個電子共享。

所有分子的呈現方式都能以此類推，稱為**結構式**。只要抓到訣竅，就會懂得怎麼列出結構式。

例：氨（NH₃）分子

氮（N）原子還需要3個電子，所以可以畫成N伸出3隻手的感覺，長得就像是：

$$-\overset{|}{N}-$$

接著，氫（H）原子還需要1個電子，呈現方式就會是：

$$H- \quad H- \quad H-$$

如果這些原子要結合為一，記住一個重點，就是**每隻手都必須有相接的對象**。簡單來說，原子需要多少電子，就會得到幾個電子的意思。

如此一來，氨分子的結構式將為：

$$\overset{\displaystyle H}{\underset{|}{H-N-H}}$$

〔Business〕氣體是由分子構成的常見代表物

氣體，是最常見的分子構成物。氣體普遍被用在工廠、醫院等各種場合，但保存上須特別注意。除了要掌握氣體是否易溶於水外，比空氣輕或重也很重要。

這時必須靠分子量（參照Chapter06的02）來判斷，下面就先簡單說明一下。

舉例來說，氫氣由H－H分子構成，是一種比空氣還要輕的氣體。空氣的主成分是氮氣N≡N和氧氣O＝O。它們之所以會形狀相同，重量相異，是因為H、N、O這幾種原子本身重量就不一樣的緣故。三者中又以H原子最輕，使氫氣成為輕飄飄的氣體。

像這樣確認分子形狀，比較構成分子的原子重量，就能進一步掌握氣體組成的相對重量。

針對惰性氣體的部分則須特別留意。氦（He）、氖（Ne）、氬（Ar）這些惰性氣體本身就具備良好的電子組態，所以不必和其他原子形成共價鍵，便能單獨以原子形式存在。

10 分子晶體

由分子構成的物質若為固體，分子就會整齊排列，這種狀態又稱為分子晶體。

Point

讓分子相互結合的是「分子間作用力」

電負度

　　構成分子的原子群中會存在一股吸引電子的力量，此稱為**電負度**。電負度的大小差異會取決於原子種類。

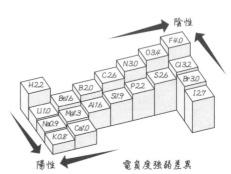

電負度強弱差異

　　當電負度有差異的同類原子構成分子時，分子內部就會形成電負度落差，產生**極性**，帶有極性的分子則稱為**極性分子**。

例：HCl　$\overset{\delta+}{H}\ \overset{\delta-}{Cl}$　$\delta+(-)$：代表帶＋或－微電

非極性分子

　　並非所有分子都帶極性。舉例來說，H_2等是沒有電負度差異的原子，當這些原子構成分子，自然就不會產生極性，這類分子又名叫**非極性分子**。

讓分子結合在一起的力量

　　由分子構成的物質變成固體時，分子會整齊排列，這種狀態又稱為**分子晶體**。

　　若要讓晶體處於穩定狀態，就必須存在一股讓分子相互結合的力量，名叫**分子間作用力**，其形成機制如下。

分子晶體範例

分子

凡得瓦力

若為極性分子

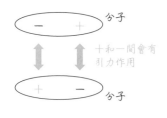

若為非極性分子
・分子中的電子會運動，形成瞬間性的電負度落差，
　使引力作用
・比極性分子的引力弱

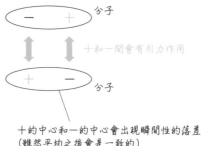

十和一間會有引力作用

十的中心和一的中心會出現瞬間性的落差
（雖然平均之後會是一致的）

由此可知，極性分子的分子間作用力比較強烈。這裡就以水 H_2O 為例，水是極性分子，分子間作用力很強，所以水在常溫下會以液體的形態存在。

反觀，無極性分子二氧化碳 CO_2 的分子間作用力相對較弱，所以常溫下會呈現氣體。

Business 萘也是分子晶體

有些防蟲劑會使用一種名叫萘（Naphthalene）的物質。萘其實是分子結晶，卻是由無極性分子集結而成，這表示分子間的結合力很弱，會很輕易地分散開來。萘這個物質不會從固體變成液體，而是直接變為氣體，此過程稱為**昇華**，乾冰或碘也都具備昇華特性。

防蟲劑裡頭的成分會慢慢昇華，所以放進櫥櫃後總會不知不覺地消失。如果變成液體反而會讓衣服溼答答，將變得很麻煩，不過昇華成氣體就沒這個問題囉。

Chapter 05　理論化學

文化知識 ★★　　　實用 ★★★★★　　　考試 ★★★

11 共價晶體

原子有時會不斷形成共價鍵，打造出巨大晶體，稱作共價晶體。

Point

「共價晶體」是指不會構成分子單位的特殊情況

共價鍵原子一般會先構成名為分子的單位，接著再由分子構成晶體（參照10）。

但是有部分物質卻會不斷形成共價鍵，在以不構成分子單位的前提下，打造出巨大晶體，我們會稱其為**共價晶體**。

共價鍵結合力之強大，是分子間作用力完全無法匹敵的。這也使得共價晶體具備非常堅硬，熔點極高，不易溶於水等特徵。

稀少罕見的共價晶體

下面介紹幾種由共價晶體構成的物質。

● 鑽石

1個碳原子C會與其他4個碳原子集結成立體結構，所以鑽石非常堅硬，再加上電子無法自由運動，所以不會導電。

鑽石晶體

共價鍵

● 石墨

1個碳原子C會與其他3個碳原子形成分層的平面結構。每層之間都會存在分子間作用力，但這股力量很弱，所以結構層容易剝離。

石墨晶體

凡得瓦力 ← → 共價鍵

● 矽

矽 Si 和碳 C 一樣，也是由 4 個矽 Si 原子集結而成的立體結構。

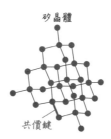

矽晶體

共價鍵

● 二氧化矽（SiO_2）

矽晶體中，各個矽 Si 原子間會穿插入氧 O 原子。

● 為 Si 原子，排列方式和鑽石的結構相同
● 為 O 原子，排列在 Si 原子間

 Business 矽晶體是半導體產業的核心

矽（Si）晶體是**半導體產業非常重要的關鍵技術**。如何製造出漂亮的矽晶體，更一直是半導體產業的發展目標。

製造所需矽晶體的原料為二氧化矽（SiO_2）。二氧化矽其實也是岩石的主要成分，即代表地球上的蘊藏量相當豐富。另外，水晶亦是另一種漂亮的二氧化矽晶體。

12 金屬晶體

原子釋出電子後會變陽離子，有時也會利用釋放的電子產生結合，
這時的產物稱為金屬晶體。

Point

金屬元素都會形成金屬鍵

所有元素皆可分類成金屬元素或非金屬元素。

	1	2	3	4	5	6	7	8	9	10	11	12	13	14	15	16	17	18
1	1 H 氫																	2 He 氦
2	3 Li 鋰	4 Be 鈹						金屬元素					5 B 硼	6 C 碳	7 N 氮	8 O 氧	9 F 氟	10 Ne 氖
3	11 Na 鈉	12 Mg 鎂					非金屬元素						13 Al 鋁	14 Si 矽	15 P 磷	16 S 硫	17 Cl 氯	18 Ar 氬
4	19 K 鉀	20 Ca 鈣	21 Sc 鈧	22 Ti 鈦	23 V 釩	24 Cr 鉻	25 Mn 錳	26 Fe 鐵	27 Co 鈷	28 Ni 鎳	29 Cu 銅	30 Zn 鋅	31 Ga 鎵	32 Ge 鍺	33 As 砷	34 Se 硒	35 Br 溴	36 Kr 氪
5	37 Rb 銣	38 Sr 鍶	39 Y 釔	40 Zr 鋯	41 Nb 鈮	42 Mo 鉬	43 Tc 鎝	44 Ru 釕	45 Rh 銠	46 Pd 鈀	47 Ag 銀	48 Cd 鎘	49 In 銦	50 Sn 錫	51 Sb 銻	52 Te 碲	53 I 碘	54 Xe 氙
6	55 Cs 銫	56 Ba 鋇	L 鑭系元素	72 Hf 鉿	73 Ta 鉭	74 W 鎢	75 Re 錸	76 Os 鋨	77 Ir 銥	78 Pt 鉑	79 Au 金	80 Hg 汞	81 Tl 鉈	82 Pb 鉛	83 Bi 鉍	84 Po 釙	85 At 砈	86 Rn 氡
7	87 Fr 鍅	88 Ra 鐳	A 錒系元素	104 Rf 鑪	105 Db 𨧀	106 Sg 𨭎	107 Bh 𨨏	108 Hs 𨭆	109 Mt 䥑	110 Ds 鐽	111 Rg 錀	112 Cn 鎶	113 Nh 鉨	114 Fl 鈇	115 Mc 鏌	116 Lv 鉝	117 Ts 鿬	118 Og 鿫

以金屬形態存在的單質稱為**金屬元素**。金屬元素具備容易釋出電子，變成
陽離子的特性（陽極）。

當原子聚集，且所有原子都變成陽離子的話，照理說會彼此相斥。但是帶
負電的電子會穿梭其間，甚至擔負起結合的角色，讓陽離子處於穩定狀態並
整齊排列。

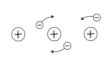

負電子會扮演起結合的角色，
讓陽離子處於穩定狀態
並整齊排列呢

這個狀態就稱為**金屬晶體**。

構成金屬特性的自由電子

能在金屬晶體中自由運動的電子稱為**自由電子**。金屬有許多種類，但基本上都具備以下特性。也因為自由電子的存在，才有辦法構成這些特性表現。

- 帶光澤：因為光遇到表面的自由電子會出現反射

- 具有高導電性與導熱性：自由電子運動就代表會形成電流。另外，自由電子還會傳遞熱能

- 具展性（敲打後面積變大）：自由電子會把快要分散開來的陽離子連結起來

- 具延性（能夠拉長）：道理和展性一樣

Business 為什麼電線的材料是銅？

所有金屬中，導電和導熱率的冠軍是銀，接著是銅，第三名則是金。

綜觀世界各國的電線，基本上材質都是銅，考量的當然就是銅容易導電。雖然銀的導電性最好，但考量到銀的蘊藏量較少，因此改選資源豐富的銅。

另外，延展性表現最好的是金。就算只有少少的1克金量，竟也能拉長為3公里的細線，或是敲打成直徑80公分的圓片。金箔厚度更是只有薄薄的0.0001公釐，與鋁箔厚度0.015公釐相比，真的是非常非常小的數值呢。

製作金屬箔片時，必須考量不同金屬的延展性，才會知道能夠拉長或敲薄到什麼程度。

13 物量（1）

構成你我身邊物質的原子和分子數十分龐大。根本無法用「1個、2個……」來計算，這下該怎麼辦呢？

Point

原子的質量可以用原子量來表示

相對質量

物質所含的原子量會如此龐大，其實意味著每個原子的質量極小。假設質量單位為 g（公克），那質量就會是 0.000 ……g，實在有夠不方便的。

為了解決這個問題，人們決定把碳（C）原子的質量（質量數 12）作為原子量的基準，再將其他元素與碳比較，這種比較方式就叫**相對質量**。

決定原子量

接著，人們更決定出原子量，決定的同時還考量到某個元素可能存在同位素的情況。以 C 原子來說，會如下表所示。

	相對質量	相對含量比
^{12}C	12	98.93%
^{13}C	13.003	1.07%

那麼，就能求出

$$C 的原子量 = 12 \times \frac{98.93}{100} + 13 \times \frac{1.07}{100} ≒ 12.01$$

如何求出物質中含有的原子數量？

有些物質由分子構成，有些則是由離子構成，必須透過分子重量（分子量）或離子重量（式量），才能知道裡頭的原子數量。不過，最終還是會以原子量為基礎。

・例：二氧化碳（CO_2）

二氧化碳的分子量＝C的原子量12＋O的原子量$16 \times 2 = 44$

・例：氯化鈉（NaCl）

氯化鈉的分子量＝Na的原子量23＋Cl的原子量$35.5 = 58.5$

我們可以透過這種方式，決定出原子、分子、離子這些小到眼睛看不見的粒子質量。不過，這些粒子在物質中究竟含有多少數量呢？計算時同樣會以**碳（C）**為基準。

一個C原子的質量為12，這當然不是指$12\,g$，也不需要放上任何單位，因為原子量本身就不具單位。

若12後面加了g，變成「$12\,g$」這個數量的話，會需要集結多少C原子呢？大約需要6.02×10^{23}個，是非常龐大的數字呢。換句話說，如果沒有這麼大量的原子，就連區區的$12\,g$也無法滿足。

接著，人們又把「6.02×10^{23}」這個數目稱為**亞佛加厥常數**。接著以二氧化碳為例，因為分子量是44，這表示只要集結6.02×10^{23}個分子，重量就能達到$44\,g$。

換言之，當原子、分子、離子這些粒子集結的數量達到亞佛加厥常數，就能把原子量、分子量、式量加上「g」，直接換算成質量。這樣的換算模式非常方便，所以計算粒子數量時，都會以亞佛加厥常數為基準。

接下來，我們又會把集結了6.02×10^{23}個的原子、分子、離子視為「1莫耳」（mol），藉此表示**物量**的多寡。

有了這樣的概念，就能輕鬆算出某個物體中含有多少粒子囉。

14 物量（2）

存在你我身旁的空氣，是眼睛看不見的氣體分子集合體，那究竟有多少數量呢？

Point
氣體種類不會影響氣體分子數量的多寡

一定體積內所含的氣體分子的數量，會隨溫度、壓力等條件而有所變化。這也表示只要能夠維持固定的溫度和壓力，一定體積內的氣體分子數量也就會隨之固定。

這個定律無關乎氣體的種類，只要在標準狀態下（也就是 $0\ ℃$、1大氣壓力的環境下），1莫耳（6.02×10^{23}個）的氣體分子體積為22.4公升（L），這又稱為**亞佛加厥定律**。

📖 為數龐大的氣體分子會形成氣壓

其實，亞佛加厥定律在我們平常生活的空間也是成立的。雖然溫度和壓力會變，但不會與標準狀態差太多，所以體積22.4公升中所含的氣體分子也是接近1莫耳。

22.4公升相當於11罐2公升寶特瓶的容量，裡頭存在的氣體分子數量之多，根本不是1億還是1兆能夠相比的。

而且，這些氣體分子還會以接近數百公尺的速度在空間內飛來飛去，猶如一堆氣體分子不停碰撞。

這些氣體分子也會碰撞我們的身體，所以我們活在世上的同時，也承受著氣壓。氣壓來自氣體分子碰撞時所產生的力。氣體分子小到我們肉眼根本看不見，所以就算受到碰撞也不會承受太大的力，但是氣體分子的數量實在太過龐大，這些力加總後會變得非常可觀。

　　無塵室會將空氣中的灰塵及粉塵控制在最低限度，確保室內潔淨。無塵室的應用多元，可見於半導體、電路、醫藥品或化妝品等製造產業。

　　無塵室究竟有多乾淨呢？國際標準化組織（ISO）針對無塵室有作出「等級1」、「等級2」……，依照用途的各種分級。

　　最乾淨的是等級1，具體規範為每1立方公尺的空間環境裡，大於$0.1\,mm\left(\dfrac{1}{10000}\,mm\right)$的粒子不能超過10個。接著是等級2，每1立方公尺的空間環境裡，大於$0.1\,mm$的粒子不能超過100個。等級3則是不能超過1000個……，後續等級以此類推。

　　各位聽到每1立方公尺的空間環境粒子不能超過10個或100個時，或許會覺得沒什麼（甚至還會有人認為，空氣裡灰塵或粉塵頂多就是這樣的數量吧），但這麼想可就大錯特錯。根據開頭內容所述，22.4公升（$0.0224\,m^3$）的空間環境中就含有6.02×10^{23}個氣體分子。比較之後應該就會知道，1立方公尺的粒子不能超過10個或100個有多厲害了吧。

裡頭存在$6.02 \times 10^{23} \times \dfrac{1}{0.0224}$ ＝約2.7×10^{25}個氣體分子。

卻只有10個或100個灰塵及粉塵，這技術實在有夠厲害呢！

15 化學反應式與定量關係

化學反應式不只能看出物質化學變化的模樣，還能看出其中的定量關係。

🖐 Point
化學反應式係數比即代表反應的物量比

化學反應式除了呈現下述化學變化的模樣，還會透露與反應有關的粒子個數資訊。

例：
$$CH_4 \ + \ 2O_2 \ \rightarrow \ CO_2 \ + \ 2H_2O$$

(分子) 1個　和　2個 起反應，產出 1個　和　2個

不過，當中其實會有多到數不清的分子瞬間起反應。這時可以6.02×10^{23}個為1個單位（1mol）來計算分子。那麼，

$$CH_4 \ + \ 2O_2 \ \rightarrow \ CO_2 \ + \ 2H_2O$$

(分子) 1個　和　2個 起反應，產出 1個　和　2個

⬇ 集結成6.02×10^{23}個的話，

(物量) 1mol　和　2mol　起反應，產出　1mol　和　2mol

藉此求出反應物量的關係。

以上加以彙整後，便可得知「**化學反應式係數比＝反應的物量（mol）比**」。

📖 如何運用化學反應式

我們可以藉由上述關係作以下運用。

這裡就以瓦斯爐會使用到的丙烷C_3H_8燃燒過程為例。丙烷會像下述方式燃燒，

$$C_3H_8 \ + \ 5O_2 \ \rightarrow \ 3CO_2 \ + \ 4H_2O$$

變成二氧化碳與水（水蒸氣）。燃燒的過程中，丙烷量又會對應產生出多少的二氧化碳及水呢？

其中，二氧化碳又是備受關注的溫室效應氣體，我們經常需要去估算排放量。假設燃燒44克丙烷，計算結果就會如下。

$$\begin{array}{ccccccc} C_3H_8 & + & 5O_2 & \rightarrow & 3CO_2 & + & 4H_2O \\ 44g & & & & 44\times3=\underline{132g} & & 18\times4=\underline{72g} \\ \downarrow & & & & \uparrow & & \uparrow \\ 1\,mol & 和 & 5\,mol & 起反應，產出 & 3\,mol & 和 & 4\,mol \end{array}$$

Business 汽油燃燒時排出的二氧化碳量

汽油的化學式寫作 C_nH_{2n}，n 可以代入很多數字，如果 $n=10$ 就是 $C_{10}H_{20}$、$n=20$ 就是 $C_{20}H_{40}$。因為汽油是 n 可以代入多個數字的混合物。

燃燒汽油時的化學反應式如下。

$$2C_nH_{2n} + 3nO_2 \rightarrow 2nCO_2 + 2nH_2O$$

從反應式可以得知，燃燒 $1\,mol$ 的汽油會產生 n（mol）的二氧化碳。

$1L$ 的汽油約 $0.75\,kg = 750\,g$。而汽油的分子量為 $12n+2n=14n$，所以汽油 $750\,g$ 相當於 $\dfrac{750}{14n}$（mol）。加上燃燒時產生的二氧化碳為 $\dfrac{750}{14n}\times n$（mol），也就是說可以算出結果為 $\dfrac{750}{14}\,mol$。

再把數值換算成質量（二氧化碳的分子量為44），

$$44\times\frac{750}{14}=約2357g=\underline{約2.4kg}$$

如果再換算成體積的話（標準狀態條件下），

$$22.4\times\frac{750}{14}=\underline{1200L}$$

利用這樣的方式，就能算出汽油燃燒時會排放的二氧化碳量囉。

16 酸與鹼

用來顯示液體性質的指標中，包含了酸性程度（鹼性程度）。我們能藉由pH這個數值，明瞭呈現出液體性質表現。

Point

酸性（鹼性）程度取決於 H 的濃度

水溶液的酸性程度會由氫離子（H^+）的濃度來決定。無論是哪種液體，都一定會含有 H^+ 及 OH^-。而水溶液的酸鹼度，將取決於 H^+ 及 OH^- 何者較多（較濃）。

● 酸性：$[H^+] > [OH^-]$

● 中性：$[H^+] = [OH^-]$

● 鹼性：$[H^+] < [OH^-]$

這裡的 $[H^+]$ 和 $[H^+]$ 分別是指 H^+ 及 OH^- 的莫耳濃度（參照23）。

pH 值的定義

當溶液為中性，$[H^+] = [OH^-]$。具體的數值會隨著溶液溫度改變，以25℃來說，$[H^+] = [OH^-] = 10^{-7} \text{mol/L}$。

酸鹼度改變時，$[H^+]$ 或 $[OH^-]$ 的數值當然也會跟著變化，但無論怎麼變化都還是會滿足「$[H^+] \times [OH^-] = 10^{-14}（\text{mol/L}）$」的關係。

換句話說，只要掌握了溶液的 $[H^+]$，就不用再去確認 $[OH^-]$ 是多少。

接著要說明以 $[H^+]$ 濃度，表示溶液酸性（鹼性）程度的方法，此稱作**pH值**。pH值會根據 $[H^+]$ 作下述定義。

$$[H^+] = 10^{-\square} \text{mol/L} \text{時,} pH = \square$$

※□會是數字

要特別留意的是當pH值愈小,酸性就愈強。這裡可以用下述範例作確認。

液體A:$[H^+] = 10^{-2} \text{mol/L}$

液體B:$[H^+] = 10^{-3} \text{mol/L}$

↓

$[H^+]$ 比較大的是A,所以A酸性較強。

這時pH值較大的會是B。

如果溶液是中性,$[H^+] = 10^{-7} \text{mol/L}$,那麼pH值會是7。於是會以此為界,酸性溶液pH值<7,鹼性的話則會pH值>7。

Business pH值也會應用在品管上

調查液體的pH值對品質管控上可是非常重要的。例如想確認酒類、醬油是否變質,pH值也是指標之一。

有了pH酸鹼度計就能輕鬆掌握pH值。這類產品是美國在1930年代後半所開發,日本也有引進國內,但受到日本氣候潮濕等影響,經常出現故障。

相關業者雖然在1951年開發日本專用的pH酸鹼度計,但早在1931年便推出了名為酸鹼試紙的產品。酸鹼試紙無法得知詳細數值,卻能大致掌握酸鹼度,目前亦常見於學校實驗等諸多場合。

酸鹼試紙最初又叫氫離子濃度試紙,從這個名稱不難知道,pH酸鹼值指的就是氫離子濃度。

17 中和反應

酸和鹼混合後，會出現彼此特性相互抵消的反應，稱作中和反應，此反應同樣會運用在各種場合。

Point

中和反應是會產生水的反應

釋放氫離子 H^+ 之物會歸類為酸性，釋放 OH^- 之物則會稱之鹼性。

H^+、OH^- 分別展現出酸與鹼的特性。當酸鹼混合時，H^+ 和 OH^- 會產生反應，可用「$H^+ + OH^- \rightarrow H_2O$」來表示。

此反應會使 H^+ 和 OH^- 同時減少，彼此特性也會跟著抵消，因此又稱作**中和反應**。

透過中和滴定得知酸或鹼的正確濃度

我們可以藉由名為**中和滴定**的實驗手法，正確得知酸性或鹼性溶液的濃度。實驗步驟如下。

例：將濃度未知的醋酸水溶液和氫氧化鈉水溶液中和，求出濃度。

①依下述步驟稀釋醋酸

定量吸管　標線　　標線　　　　　　　以純水稀釋

容量瓶

②將定量的醋酸水溶液倒入錐形燒杯，加入數滴酚酞指示劑

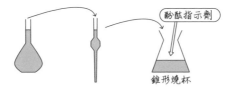

酚酞指示劑

錐形燒杯

③將已知濃度的氫氧化鈉水溶液倒入滴定管，接著持續加入醋酸水溶液，直到酚酞指示劑變色

滴定管

利用以上步驟，假設

● 使用的醋酸水溶液體積：10mL（稀釋後）

● 使用的氫氧化鈉水溶液濃度：0.10mol/L

● 使用的氫氧化鈉水溶液體積：8.0 mL

那麼，就能依下述算式，求得醋酸（稀釋後）水溶液的濃度。

$$\underset{\text{H}^+ \text{物量}}{x\,(\text{mol/L}) \times \frac{10}{1000}\text{L} \times 1} = \underset{\text{OH}^- \text{物量}}{0.10\,\text{mol/L} \times \frac{8.0}{1000}\text{L} \times 1}$$

兩邊乘以1，是根據醋酸和氫氧化鈉的價數，最後會得到：

$x = 0.080\,\text{mol/L}$。

Business 運用在廁所芳香劑

廁所使用的芳香劑其實也看得見中和反應。

氨是廁所發臭的原因。氨屬於鹼性，利用酸性的檸檬酸加以中和，便能抑制臭味。相反地，腳臭源自酸性物質，所以可以藉由鹼性的小蘇打粉水溶液抑制臭味。

中和反應其實也會用來保護大自然環境。這裡就以日本觀光勝地草津溫泉為例，由於草津的溫泉水為強酸性，直接流入河中會對環境帶來負面影響，所以當地會將鹼性的石灰石投入河川，藉由中和反應，避免水質變酸性。

18 狀態變化與熱

物質存在固體、液體、氣體三種狀態。狀態發生變化時，會吸收或釋放熱。

Point

失去能量時會釋放熱

物質會像下圖一樣，在三種狀態之間來回變化。

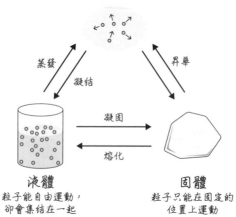

這時，物體儲存能量的大小關係為「氣體＞液體＞固體」。

當物質朝能量更大的狀態變化時，會吸收周圍的熱。相反地，若變成能量更小的狀態時，就會朝周圍釋放熱。換言之，

• 熔化、蒸發：吸熱

• 凝結、凝固：散熱

化學世界會使用的絕對溫度

所謂物體的溫度，是指構成物質的粒子熱運動時激烈程度的指標。粒子進行的無規律運動又稱為**熱運動**，因為在高溫狀態下，粒子的運動程度會愈趨激烈。

理論上，熱運動想要多激烈（快速），就能多麼激烈，這意味著物體的溫度沒有上限。

相反地，當熱運動愈趨穩定（緩慢），即表示溫度下降，只要停止，就代表熱運動結束。換言之，**溫度再怎麼低，也會有個下限。**

以平常使用的攝氏溫度來說，溫度下限約為−273℃，代表世界上絕對不會有溫度低於−274℃的物體。

這麼說來，在化學（科學）世界裡，只要我們將這個下限作為溫度顯示的起始值會相當方便。於是科學家們將此下限值（約−273℃）稱為絕對零度，並寫作「**0K（克耳文）**」。

將絕對溫度和攝氏溫度放在同個刻度表時，可再對溫度做出下述定義。

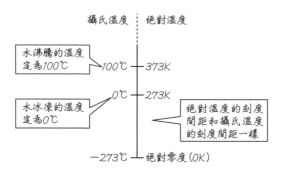

Business 如何區分 cal 和 J？

cal（卡路里） 是存在已久的熱量單位，即便到了今日，我們還是會用其標示食品等物質中的熱量。所謂1cal，是指1克的水溫上升1℃時所產生的熱量。

後來我們發現，熱能不過是能量的一個種類，能量單位的**J（焦耳）**同樣能套用在熱量上。

19 氣液平衡與蒸氣壓

「蒸氣壓」這個字經常聽見，但我們似乎沒有真正搞懂它是什麼。

Point

「蒸氣壓」是指達到一個平衡狀態時的壓力

將液體放入密閉容器內加以靜置，就會出現下述變化。

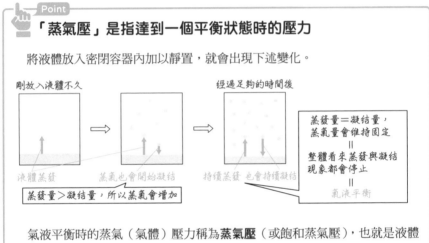

剛放入液體不久

液體蒸發　　　蒸氣也會開始凝結

蒸發量＞凝結量，所以蒸氣會增加

經過足夠的時間後

持續蒸發　也會持續凝結

蒸發量＝凝結量，蒸氣量會維持固定
＝
整體看來蒸發與凝結現象都會停止
＝
氣液平衡

氣液平衡時的蒸氣（氣體）壓力稱為**蒸氣壓**（或飽和蒸氣壓），也就是液體不斷蒸發直到變成蒸氣壓，只要變成蒸氣壓後，蒸發看起來就會是停止狀態。

📖 一旦沒了液體，就有可能達不到蒸氣壓

在Point也有提到，容器中最後會達到**平衡狀態**。但是，如果液體在蒸氣（氣體）的壓力達到蒸氣壓前就全數用盡的話，將無法達到蒸氣壓。

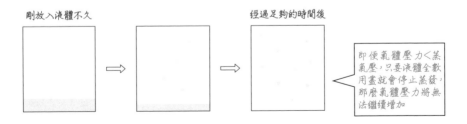

剛放入液體不久

經過足夠的時間後

即便氣體壓力＜蒸氣壓，只要液體全數用盡就會停止蒸發，那麼氣體壓力將無法繼續增加

蒸氣壓的大小**完全取決於溫度**（溫度愈高，蒸氣壓愈大）這件事也很重要。所以，就算密閉容器體積改變，或是同時存在其他氣體，蒸氣壓大小也不會改變。

⌨Business 壓力鍋的結構

這裡先來說清楚蒸發和沸騰的差別

● **蒸發**

是指液體表面的液體變成氣體，就算沒有達到沸點，也可能出現蒸發現象。

● **沸騰**

不只是液體表面，液體內部也會蒸發並產生氣泡，這些氣泡會從液體中往上升。沸騰是必須達到沸點才會有的現象，「溫度 T 時的蒸氣壓＝大氣壓力」的溫度 T 就是沸點。

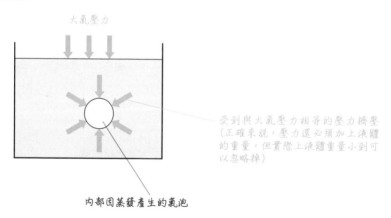

大氣壓力

受到與大氣壓力相等的壓力擠壓（正確來說，壓力還必須加上液體的重量，但實際上液體重量小到可以忽略掉）

內部因蒸發產生的氣泡

我們也可解讀成當外部氣壓愈高，溫度就必須愈高，這樣液體才會開始沸騰。這裡就以烹調會用到的壓力鍋為例，壓力鍋是密閉空間，內部壓力會比外部來得大，所以開始沸騰的溫度會比平常更高，如此一來就能用短時間高溫完成烹調。原來，化學和烹飪也有關係呢。

20 理想氣體狀態方程式

氣體的狀態可以從「體積」、「壓力」、「溫度」的表現看出。這些數值所構成的關係可以用單一公式來呈現。

Point

☝ 狀態方程式建立在「波以耳定律」和「查理定律」之上

氣體分子雖然肉眼不可見，卻是以極快的速度（在空氣中的速度大約是500 m/s）飛躍著，這又稱為**氣體分子的熱運動**。

氣體分子對物體碰撞時也會帶來壓力。

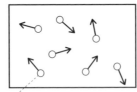

氣體分子　　　　　碰撞形成壓力

探討下面與氣體相關的兩個定律時，可想像一下氣體分子的熱運動，將會更容易理解。

波以耳定律

定量定溫下，氣體的PV固定。（P：氣體壓力　V：氣體體積）

查理定律

當氣體定量且壓力保持恆定，$\dfrac{V}{T} =$ 定值。（T：氣體絕對溫度）

📖 若固定其中一項，改變其他兩個項目時

波以耳定律和查理定律還可以透過下面例子來解讀。

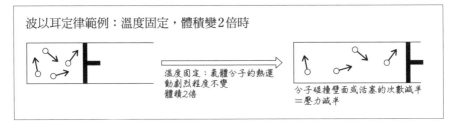

波以耳定律範例：溫度固定，體積變2倍時

溫度固定：氣體分子的熱運動劇烈程度不變
體積2倍

分子碰撞壁面或活塞的次數減半
＝壓力減半

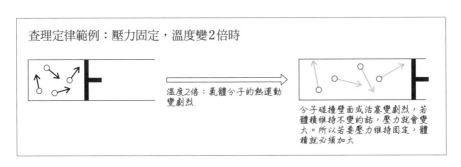

查理定律範例：壓力固定，溫度變2倍時

溫度2倍：氣體分子的熱運動變劇烈

分子碰撞壁面或活塞變劇烈，若體積維持不變的話，壓力就會變大。所以若要壓力維持固定，體積就必須加大

像這樣固定某個項目的狀態，再來思考兩個定律就會比較好懂。

不過，以實際情況來說，三個項目的狀態量多半會同時出現變化。建議可將波以耳定律和查理定律結合成下面的狀態方程式來思考會更方便。

狀態方程式：$PV = nRT$（n：氣體莫耳數　R：氣體常數）

🖥 Business 為什麼搭電梯快速爬升到高樓層時耳朵會痛？

各位搭乘電梯快速爬升到高樓層時，都可能遇過耳朵痛的情況。這是因為周圍氣壓下降導致耳中空氣膨脹會有的現象，完全符合波以耳定律呢。

搭飛機其實也會有這種感覺，這時機內會進行增壓來預防。

飛機航行時，會飛行於上空約10公里左右的高度，周遭的氣壓自然遠低於平地。

21

道耳頓分壓定律

大氣中混合了各種不同的氣體，這時該怎應用狀態方程式呢？

Point

🖐 可以用壓力比求出氣體分量比

均勻混有兩種以上的氣體又稱作**混合氣體**。這裡的「均勻」，是指「體積和溫度處於相同狀態」的意思。

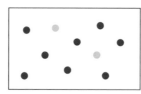

●氮分子N_2
●氧分子O_2

分布在整個容器中，所以體積相等，再加上兩者混合，因此溫度也會相等

混合氣體中每種氣體的分壓P，會與各氣體的mol數n成正比。

只要氣體均勻混合，
體積和溫度就會相等

$$P \boxed{V} = n \boxed{RT}$$

共通

另外，總壓力（所有混合氣體的壓力）＝分壓總合。混合氣體中個別成分的壓力加總後，當然就會是總壓力。

📖 求出空氣的平均分子量

當各位理解分壓的概念之後，就不難透過下一頁的計算方式，求出混合氣體各成分的分壓了。

例：當 n_A（mol）的氣體 A 和 n_B（mol）的氣體 B 混合，整體壓力為 P 時，

可求出：

氣體 A 的分壓 $P_A = \dfrac{n_A}{n_A + n_B} P$

氣體 B 的分壓 $P_B = \dfrac{n_B}{n_A + n_B} P$

有了這樣的概念後，假設接下來要求出**空氣的平均分子量**。

混合氣體混有兩種以上的氣體，氣體的分子量會隨成分不同。不過，我們可以將混合氣體視為同一種氣體並計算分子量，這就是所謂的平均分子量。

例：分子量 M_A 的氣體 A 和分子量 M_B 的氣體 B，以 $n_A : n_B$ 的 mol 數比構成混合氣體。

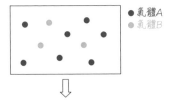

● 氣體A
● 氣體B

當氣體 A 和氣體 B 分別存在 n_A（mol）和 n_B（mol）時，

整體質量 $=(M_A \times n_A + M_B \times n_B)$ g

整體莫耳數會是 $n_A + n_B$（mol），將全部視為一種氣體時，便能求出：

分子量 $= \dfrac{M_A n_A + M_B n_B}{n_A + n_B}$（g/mol）

也就是混合氣體的平均分子量。

如果把空氣視為氮氣：氧氣為 4：1 的混合氣體，當氮氣有 4 mol，氧氣有 1 mol 時，「整體質量 $=(28 \times 4 + 32 \times 1)$ g」，全部共 5 mol。

接著可以求出：

分子量 $= 1$ mol 的質量 $= \dfrac{28 \times 4 + 32 \times 1}{5} = \underline{28.8}$

也就是空氣的平均分子量。

22 溶解平衡與溶解度

液體可以溶解氣體或固體。至於最多能溶解多少物質，則必須符合定律。

Point

氣體溶解量與分壓成正比

定量溶劑可溶解的量又稱作**溶解度**。

氣體的溶解度會隨該氣體的壓力及溫度出現下述變化。存在混合氣體時，則會「分壓」來指某一氣體的壓力。

　　　氣體溶解度會與該氣體的分壓成正比（亨利定律）　　　…①

　　　溫度愈高，氣體的溶解度就愈小　　　　　　　　　　　…②

①是溶解度很小的氣體才會成立的定律，所以無法套用在氨、氯化氫這類大溶解度的氣體。另外，①也可以解讀成「溶解氣體（分壓狀態下）的體積不受分壓影響，會是定值」。這個描述感覺與①是矛盾的，不過透過下面的具體範例，就能理解其實說的內容相同。

例：假設氣體在分壓 P 時的溶解度為 n（mol），將分壓變成 $2P$ 並使氣體溶解的話，

- 溶解量會變 $2n$（mol）（→體積變 2 倍）
- 壓力會變 2 倍，體積與壓力成反比，所以會變 $\frac{1}{2}$ 倍

這時我們可以得知，溶解氣體（分壓狀態下）的體積不會改變

不過要特別注意，②如果是固體，情況就會顛倒（固體的溫度愈高，溶解度就愈大）。

📖 當物質彼此的特性愈像，溶解度就會變大

溶液必須同時存在能溶解物質的**溶劑**，以及溶於溶劑中的**溶質**。然而，隨著不同溶劑與溶質的組合，有些可能很好溶解，有些則幾乎不會溶解。

某些組合或許會是例外，但原則上都可以依照下面的原則思考，判斷溶質是否能溶於溶劑。

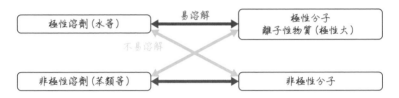

彙整之後便能得知，同為極性或是同為非極性的物質組合易溶解。這意味著特型相似的物質溶解度佳，對此我們可以作下述解讀。

● 同為極性物質（易溶解）

極性分子或離子性物質溶於水（極性分子）後，受到電荷引力影響，這些物質會被水分子所吸引，接著就像被水分子包圍般，最後溶解於水中。此現象又稱**水合**。

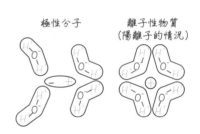

● 同為非極性物質（易溶解）

非極性分子的分子間作用力較弱，所以非極性分子能在非極性溶劑（苯類等）中自然擴散溶解。

● 分別是極性與非極性物質的情況（不易溶解）

溶質與溶劑其中一方具有極性，另一方為非極性的話，具有極性的同特性物質會形成強大結合力並固化，因此不易溶解。

23 濃度換算

溶液的濃度有幾種表示法。如果能學會如何快速換算，運用上也會更加靈活。

> **Point**
> ### 以物量表示液體濃度
>
> 溶液濃度的呈現方式雖然很多，但較常見的是下面兩種。
>
> $$重量百分率濃度（\%）=\frac{溶質重量}{溶質重量 + 溶液重量}\times 100$$
>
> $$莫耳濃度(mol/L)=\frac{溶質物量(mol)}{溶液體積(L)}$$
>
> 也可以寫成下面這樣。
>
> $$重量莫耳濃度(mol/kg)=\frac{溶質物量(mol)}{溶劑重量(kg)}$$
>
> 當我們計算溶液的沸點上升，或是凝固點下降時，都會使用到上述這些公式（參照次節）。

📖 單位換算的訣竅，是以1L來思考溶液

接著就用下面的例子來練習如何變換濃度單位吧。

練習：請求出重量百分率濃度49％，密度1.6 g/mL的濃硫酸莫耳濃度。

　　題目雖然沒有提到濃硫酸是多少毫升，不過先假定溶液的體積會比較方便計算，這裡就把濃硫酸的體積視為1L。

就算溶液體積改變，莫耳濃度也會維持固定，既然這樣，當然就可以**設定一個比較好計算的數值**。

根據公式「溶液總質量（g）＝密度（g/mL）×溶液總體積（mL）」，可以求出 $1.6\,g/mL × 1000\,mL = 1600\,g$。

接著，再根據

$$溶質重量(g)=溶液總重量(g)× \frac{重量百分率濃度（\%）}{100}$$

當中所含的溶質 H_2SO_4 重量（g）為 $1600\,g × \dfrac{49}{100} = 784\,g$。

$98\,g$ 的 H_2SO_4 相當於 $1\,mol$，所以 $784\,g$ 會是 $784/98 = 8.0\,mol$。

那麼，

$$莫耳濃度（mol/L）= \frac{8.0\,(mol)}{1.0\,(L)} = \underline{8.0\,mol/L}$$

Business 大氣中二氧化碳濃度的表示單位

當濃度極小時，有可能會以「ppm」或「ppb」為單位。ppm是parts per million的縮寫，為百萬分之一的意思，所以 $1\,ppm$ 即代表濃度為一百萬分之一。

目前我們正面臨到大氣中二氧化碳濃度上升的問題。在探討這些議題時幾乎都是以ppm來表示。地球上的二氧化碳濃度大約是 $400\,ppm$。若要思考暖化問題，各位就有必要知道這個數字。

另外，ppb是parts per billion的縮寫，意指十億分之一，可以用來表示更微量成分的濃度。

用來表示數值的單位實在很多，報章雜誌的內容也一定都會標示出單位。正確知道每個單位所代表的意義，理解上也會更加透徹。

24 沸點上升與凝固點下降

稀薄溶液的特性中，又以沸點上升、凝固點下降和滲透壓這三個最為重要。本節將解說沸點上升與凝固點下降。

Point

蒸氣壓降低，所以沸點會上升

以純水溶解溶質時，蒸氣壓會隨著下面的改變而下降。

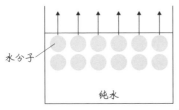
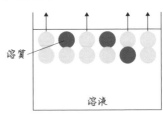

溶劑無法蒸發，所以會反應在蒸氣壓的下降程度

此現象名叫**蒸氣壓下降**。

以純水來說，100℃時的蒸氣壓會等於大氣壓力。但換成溶液的話，由於蒸氣壓下降的緣故，100℃時的蒸氣壓會比大氣壓力來得小。也就是說，如果要蒸氣壓等於大氣壓力，溫度就必須高於100℃。

當大氣壓力＝蒸氣壓會發生沸騰現象，所以純水在100℃時會滾沸，可是溶液的溫度得超過100℃才能沸騰，此現象名叫**沸點上升**。

總而言之，因為蒸氣壓降低，會使得溶液的沸點升高。

📖 **還能用類似公式，求得沸點上升值與凝固點下降值**

與純水相比，溶液沸點高出多少又稱為**沸點上升值**，可用下述公式求得。

$$\Delta t = K_b \times m$$

Δt：沸點上升值（℃）

K_b：沸點上升常數（取決於溶劑種類，與溶質種類無關的常數）

m：溶液的重量莫耳濃度（mol/kg）

$$重量莫耳濃度(mol/kg) = \frac{溶質物量(mol)}{溶劑重量(kg)}$$

但有一點須特別注意，沸點上升值的大小取決於溶解的溶質粒子數，所以必須求出粒子數作為重量莫耳濃度。

例：將 $1\,mol$ 的 $NaCl$，溶於 M（kg）的溶劑時，$NaCl$ 會在溶液中解離成

$NaCl \rightarrow Na^+ + Cl^-$，所以 $1\,mol$ 的 $NaCl$ 會解離成 $2\,mol$ 的離子。

這時，溶液的重量莫耳濃度就會是 $\dfrac{2}{M}$（mol/kg）。

接著來說明凝固點下降。將溶質溶解於純水時，溶質會造成阻礙，變得難以凝固，使凝固點下降。

水分子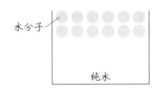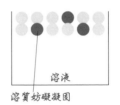

純水　　　　　　溶液

溶質妨礙凝固

此現象就叫作**凝固點下降**。與純水相比，凝固點下降多少又稱為**凝固點下降值**，可透過與沸點上升值同形態的公式求得。

$$\Delta t = K_f \times m$$

Δt：凝固點下降值（℃）

K_f：凝固點下降常數（取決於溶劑種類，與溶質種類無關的常數）

m：溶液的質量莫耳濃度（mol/kg）

※和沸點上升值一樣，必須求出粒子數作為重量莫耳濃度

25 滲透壓

稀薄溶液特性中，滲透壓也相當重要。我們甚至能利用滲透壓將海水淡化。

Point

滲透壓是指「滲透過來的壓力」

我們來思考一下，當純溶劑和溶液之間如下圖般，保持在有層半透膜隔開時的狀態。

半透膜是一種帶有篩選作用的薄膜，能讓溶劑粒子通過，但會阻擋溶質粒子（比溶劑粒子大）。

純溶劑和溶液裡都會存在溶劑粒子，溶劑粒子的移動路徑可以是純溶劑→溶液，也可以是溶液→純溶劑，但溶劑粒子多半會像下圖，從純溶劑→溶液移動。

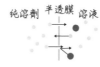

粒子數的減少程度會等於從右移動到左的溶質粒子數

這種溶劑粒子移動的現象就稱作**滲透**，從純溶劑滲透至溶液的壓力則叫作溶液的**滲透壓**。

有一點要特別注意，溶液的滲透壓並不是指溶液「滲透過去的壓力」，而是朝溶液「滲透過來的壓力」。

📖 **計算滲透壓的公式與理想氣體狀態方程式相似**

出現滲透時，液面就會形成下頁圖中的高低差。

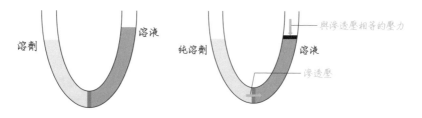

如果要避免形成液面的高低差，就必須像上方右圖，**朝溶液端施加與滲透壓一樣大的壓力。**

接著，我們還能透過下述公式求出溶液的滲透壓 π。

$\pi = CRT$

C：溶液的莫耳濃度（mol/L）（必須求出粒子數作為重量莫耳濃度）

R：（理想氣體狀態方程式的）氣體常數

T：絕對溫度（K）

接著，溶液的莫耳濃度又可寫作 $C = \dfrac{n}{V}$（V：溶液體積　n：溶質莫耳數），所以上述公式「$\pi = \dfrac{nRT}{V}$」，也就是「$\pi V = nRT$」，等同於理想氣體狀態方程式。

滲透壓的公式和理想氣體狀態方程式意義上雖然不同，但可以視為相同形態，會變得更好記。

〔Business〕海水淡化的方法

以上圖來說，如果對溶液端施加大於滲透壓的力量，會發生什麼事呢？這時，溶劑會朝著和平常滲透相反的方向移動，此現象稱為**逆滲透**，能夠增加純溶劑量。

如何確保水資源是地球面臨的重要課題。我們有大量的海水，於是，許多水資源不足的區域和大型船舶會利用逆滲透淡化海水。此外，在生產製藥用的無菌水、電子工業用的超純水、濃縮還原果汁用的濃縮液也都非常需要借助逆滲透之力。

26 膠體溶液

粒徑介於 10^{-7}~10^{-5} 公分的粒子稱為膠體粒子，將其溶於水時，會變成既不透明，但膠體粒子也不會沉澱的液體，稱作膠體溶液。

Point

膠體粒子可分成三種

膠體粒子比一般溶液的溶質（粒徑不超過 10^{-7} cm）大，所以無法通過半透膜，但能通過濾紙。

膠體可依照粒子的形成方式分為下面幾種。

①分子膠體：分子巨大，1個分子就能構成膠體粒子

（例：蛋白質、澱粉）

②締合膠體：50~100個帶有親水基和疏水基的分子，以疏水基朝內聚集的方式所構成的膠體粒子（例：肥皂）

③分散膠體：原本無法溶於溶劑的物質因某種原因，變成表面帶電的膠體粒子（例：泥水中的泥、硫磺、金屬、氫氧化鐵（Ⅲ））

膠體溶液特有的性質

膠體溶液具備下述的特性（①～③和膠體粒子大小有關，④則是和電荷有關的現象）。

①**廷得耳效應**……光線通過膠體溶液時，受到膠體粒子影響，會使光線散射，呈現出一條明顯的光路。

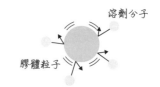

②**布朗運動**……膠體粒子周圍大量的溶劑分子會隨機碰撞的緣故，使膠體粒子出現不規則運動。

③**透析**……利用離子或分子能通過半透膜，膠體粒子無法通過的差異，來精製膠體溶液。

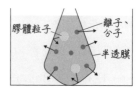

④**電泳**……對膠體溶液施加電壓，就會使膠體粒子移動。

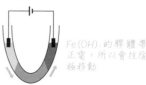

Fe(OH)₃的膠體帶正電，所以會往陰極移動

Business 腎臟透析原理

人體是由腎臟執行透析任務。血液會排出水、離子、葡萄糖、代謝物，形成原尿（最初的尿液），這些物質都是由微小粒子構成。至於血球、蛋白質等大粒子構成的物質都會留在血液中。

腎臟就是利用粒子大小的差異進行透析。

然而，若要補足腎臟功能不足，就必須搭配洗腎療程。具體來說會透過人工腎臟（透析器）透析血液，這時的人工腎臟當然也會用到半透膜。

27 熱化學反應式

熱化學反應式乍看之下與化學反應式很像，探討的內容卻很不同，若能了解其中差異，運用幅度將會更廣。

Point

熱化學反應式與化學反應式有何不同？

● 熱化學反應式中的化學式……表示各物質的能量

● 熱化學反應式中的化學式係數……表示各物質的莫耳數

　　所以會和化學反應式有點不同。

例：熱化學反應式 CH_4（氣）＋$2O_2$（氣）＝$2H_2O$（液）＋CO_2（氣）＋$890\,kJ$，代表著「CH_4（氣）$1\,mol$的能量＋O_2（氣）$2\,mol$的能量」等於「H_2O（液）$2\,mol$的能量＋CO_2（氣）$1\,mol$的能量＋$890\,kJ$」，圖示如下。

熱化學反應式的寫法

　　理解了熱化學反應式的涵義後，就能依需求列出反應式。接著以下例作說明。

例1：當$1\,mol$液體的水蒸發變成水蒸氣，會吸收$41\,kJ$的熱能。

　　吸熱後，物質能量也會跟著變大，並形成如下頁圖示的關係。

也就是說，1mol的H_2O（氣）能量，會比1mol的H_2O（液）多出41kJ。寫成熱化學反應式會是：

$$H_2O（氣）= H_2O（液）+ 41\,kJ$$

例2：1mol的甲醇CH_3OH（液）完全燃燒，變成水（液體）和二氧化碳時，會產生726kJ的熱。

甲醇完全燃燒的化學反應式如下。

$$CH_3OH + \frac{3}{2}O_2 \rightarrow 2H_2O + CO_2$$

化學式反應過程中還會產生熱，由此可知，反應後的物質能量比較小，物質間的關係如下。

換句話說，「CH_3OH（液）1mol的能量 ＋O_2（氣）$\frac{3}{2}$mol的能量」會比「H_2O（液）2mol的能量 ＋CO_2（氣）1mol的能量」多出726kJ，寫成熱化學反應式會是：

$$CH_3OH（液）+ \frac{3}{2}O_2（氣）= 2H_2O（液）+ CO_2（氣）+ 726\,kJ$$

28 氧化還原反應

氧化還原反應並不局限於和氧氣有關的反應，就算與氧氣無關，有些物質還是能出現氧化還原反應。

Point

氧化還原反應的本質就是電子轉移

● 氧化＝失去電子

● 還原＝獲得電子

以上為**氧化還原反應**字面上的定義。

理解定義後，只要出現下述反應（e^- 代表電子）

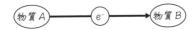

就能解讀為：

A將B還原（B因為A而還原）

B將A氧化（A因為B而氧化）

接著，只要掌握氧化還原反應其實等於電子的轉移，當然就能理解氧化和還原會同時成立。

以氧和氫來理解氧化還原反應

氧化還原反應的本質是**電子轉移**。不過，電子是肉眼看不見的物質，所以光用電子移動這幾個字說明，還是很難理解實際的反應情況。

對此，我們還能用熟悉的氧和氫，透過氫和氧的轉移來理解什麼是氧化還原。但是，本質上仍和下述內容一樣，講的就是電子轉移。

- **氧（O）的轉移**

> 與氧（O）結合＝氧化
> 失去氧（O）＝還原

（例）$2Cu + O_2 \rightarrow 2CuO$

⋯反應後，氧（吸引電子的力量強大）會帶負電，所以和氧結合的銅會帶正電。
也可以理解成銅與氧結合後，電子被氧奪走（氧化）。

$CuO + H_2 \rightarrow Cu + H_2O$

⋯反應前，氧帶負電，所以銅帶正電。釋放氧之後就不再是正電狀態。也可以理
解成銅失去氧之後，被賦予負電（電子）。

- **氫（H）的轉移**

> 與氫（H）結合＝還原
> 失去氫（H）＝氧化

（例）$H_2S + I_2 \rightarrow S + 2HI$

⋯氫（吸引電子的力量微弱）帶正電，這表示反應前與氫結合的硫帶負電。接
著，釋放氫之後就等於失去負電（失去電子）。另外，反應前不帶電的碘也會
因為與氫結合變成帶負電（接收電子）。

Business 暖暖包變熱的原理

寒冷的冬天，經常人手握著正式名稱為懷爐的用品。懷爐產品中，最常見的就屬
運用化學反應的暖暖包了。

暖暖包裝了細碎鐵粉，鐵粉與空氣接觸後，會和裡頭的氧氣產生反應，也代表著
鐵粉會氧化。

鐵粉氧化屬發熱反應，所以暖暖包會變熱，靠的是鐵粉生熱。

29 金屬的氧化還原反應

如果是與兩種以上金屬相關的反應，那麼氧化難易度將隨金屬種類有所差異。這個過程也可見於電池與電解作用。

Point

金屬的活性順序

金屬離子化會變成陽離子，也就是釋放電子的意思。

變成陽離子的難易度會隨金屬種類有所差異，由易到難排列後稱作**金屬活性順序**，如下所示。

$$Li\ K\ Ca\ Na\ Mg\ Al\ Zn\ Fe\ Ni\ Sn\ Pb\ (H)\ Cu\ Hg\ Ag\ Pt\ Au$$

還有一點很重要的是，金屬的離子化傾向愈大，就愈容易和其他物質產生反應。

從金屬活性順序，探究出可實現的反應與無法實現的反應

將銅（Cu）放入硝酸銀（$AgNO_3$）水溶液的話，銅會溶解並使銀（Ag）沉積。硝酸銀水溶液雖然含有銀離子，但銅比銀更容易離子化，所以會取代銀，溶於水溶液中。

當銅變離子後，會釋放電子。這時銀離子會接收電子，變成單質狀態並沉積。

那麼，情況顛倒時會怎麼樣呢？也就是把銀放入硝酸銅（$Cu(NO_3)_2$）水溶液。

這時並不會出現任何變化。因為，**銀的離子化傾向比銅小**。原本離子化傾向較大的物質就已經是離子狀態，所以與離子化傾向小的物質相遇也不會有什麼改變。

掌握了金屬活性順序後，各位就能精準判別何時會起化學反應，何時不會起化學反應囉。

還有一個重點，那就是當金屬離子化傾向愈大，會愈容易和其他物質產生反應。

彙整後情況如下。

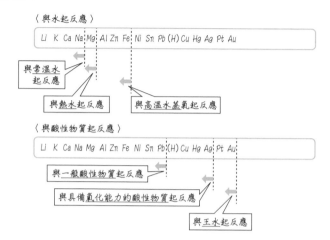

　　像是Li、K、Ca、Na等離子化傾向（活性）大的金屬會存放在實驗室的煤油中。上述金屬很容易與其他物質起反應，在空氣中甚至容易氧化，所以必須放在煤油中隔絕這些反應。

▶Business 「波浪板」和「馬口鐵」的電鍍法

　　金屬活性順序其實也和電鍍方法息息相關。波浪板和馬口鐵是相當常見的電鍍產品，其結構如下。

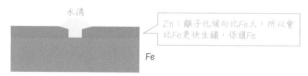

常用來製作屋頂、水桶等容易受損的物品（就算受損，Zn還是會保護着Fe）

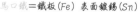

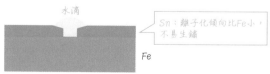

在沒有受損的前提下，活性小的Sn會形成保護，不過一旦受損，離子化傾向較大的Fe就會先生鏽，因此多半用於罐頭內層等不易受損的部分

30 電池

現代生活少不了電池，而電池所應用的就是氧化還原反應。

Point

運用金屬活性順序

電池是利用氧化還原反應產生電流的裝置，結構如右（注意電流方向與電子流動方向相反）。

接下來會說明幾種較常見的電池，但各位必須先理解這些電池的正極（氧化劑）與負極（還原劑）分別會產生怎樣的反應。

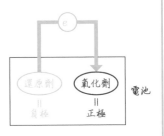

從初期開發的電池學習電池構造

電池包含下面幾種類型。

● 伏打電池

正極反應：$2H^+ + 2e^- \rightarrow H_2$（$H_2SO_4$解離後會釋放出$H^+$）

負極反應：$Zn \rightarrow Zn^{2+} + 2e^-$（離子化傾向為 $Zn > Cu$，所以Cu不會離子化，是Zn離子化）

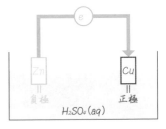

正極產生的H_2離子化傾向比Cu大，會釋放e^-（電子），試圖恢復原樣。

$$H_2 \rightarrow 2H^+ + 2e^-$$

此現象名叫**極化**，並促使伏打電池的電壓快速下降。這時必須添加能夠取代H^+接收e^-的氧化劑（又名去極化劑），來避免極化發生。

- **鉛蓄電池（汽車用電池）**

正極反應：

$$PbO_2 + 2e^- + 4H^+ \rightarrow Pb^{2+} + 2H_2O$$

負極反應：$Pb \rightarrow Pb^{2+} + 2e^-$（Pb的離

子化傾向雖然沒有很大，但 e^- 還是會被超強氧化

劑的 PbO_2 給奪走）

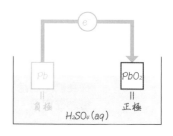

正極（半）反應式與負極（半）反應式結合後，會變成：

$$PbO_2 + Pb + 4H^+ \rightarrow \quad 2PbSO_4 + 2H_2O$$

再加上 H^+ 是 H_2SO_4 解離出來的物質，所以反應式會變成：

$$PbO_2 + Pb + 2H_2SO_4 \rightarrow \quad 2Pb^{2+} + 2H_2O \quad \cdots ※$$

這也是鉛蓄電池放電時的化學反應式。從化學式可以看出，當電流流動時，正極

與負極都會生成硫酸鉛（$PbSO_4$）。

$PbSO_4$ 不溶於水，會附著殘留在極板上。如果對鉛蓄電池施加與 ※（放電）反

方向的電流，那麼會引發逆反應（充電），讓電池回到原本的狀態。

$$PbO_2 + Pb + 2H_2SO_4 \quad \underset{充電}{\overset{放電}{\rightleftharpoons}} \quad 2PbSO_4 + 2H_2O$$

 Business **燃料電池的發電原理**

燃料電池電動車是相當受到注目的次世代車輛。燃料電池會以下面的方式，藉由

氫和氧產生電力，最後更只會排出水，因此又被稱為綠色能源。

正極反應：$O_2 + 4e^- \rightarrow 2O^{2-}$

負極反應：$H_2 \rightarrow 2H^+ + 2e^-$

⇩

兩化學式結合後會變成：

$$O_2 + 2H_2 \rightarrow \quad 2H_2O$$

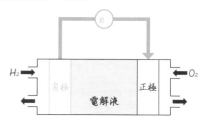

31 電解

在我們的日常生活中，有些東西必須靠電流通過物質，使物質分解後才能取得。接著，就來說說電解原理。

👆 Point

電解，是指刻意施予電流讓物質分解

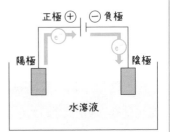

我們稱「利用氧化還原反應將電流取出的裝置」為電池。相反地，「讓電流流過，（強制）引發氧化還原反應」的過程則名叫**電解**。

「正極」&「陽極」與「負極」&「陰極」很容易混淆，須多加留意。

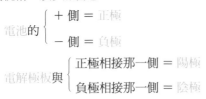

📖 陰極會產生的反應

與負極相接的那一側是陰極，所以電子 e^- 會流向陰極。**水溶液中的陽離子會接收進入陰極的電子並產生反應。**

當水溶液存在複數個陽離子時，離子化傾向會決定由哪個陽離子接收電子。

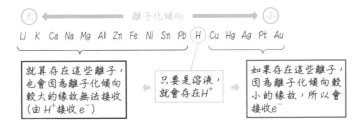

陽極會產生的反應

與正極相接的那一側是陽極，所以陽極必須送出電子 e^-。

在陽極會出現極板或水溶液中陰離子釋放電子的反應，並可依下述方式判斷是由何者釋放出電子。

①要先確認極板有無釋放出 e^-

陰極極板雖然不會起反應，但要注意陽極板會起反應。當極板使用的金屬離子化傾向比 Ag 還要大的時候，極板本身就會釋放出 e^-。

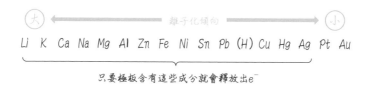

若極板使用了離子化傾向比 Ag 小的金屬（Pt 和 Au）或是碳，那就可以確定這些金屬不會起反應，即代表是溶液中的陰離子釋放出電子。

②溶液中陰離子最容易起反應的物質會釋放出 e^-

當極板未起反應時，就表示溶液中的陰離子會產生反應。陰離子的反應難易度（釋放 e^- 的容易度）如下。

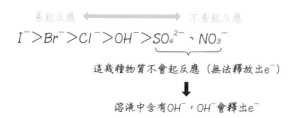

32 反應速率

化學反應不見得會在一瞬間發生，有時也可能是緩慢進行。這會取決於哪些要素呢？

 Point

如何表示反應速率

化學反應發生的快慢程度，稱為**反應速率**。

反應速率又如 $v = \dfrac{\Delta[A]}{\Delta t}$（$\Delta[A]$：物質 A 的莫耳濃度變化量　Δt：變化所花費的時間）所示，代表「單位時間內的莫耳濃度變化量」。

例：當化學反應如 $H_2 + I_2 \rightarrow 2HI$ 時

HI 單位時間內的莫耳濃度變化，會是 H_2 或 I_2 單位時間內莫耳濃度變化量的 2 倍，所以會形成下述關係。

$$2\frac{\Delta[H_2]}{\Delta t} = 2\frac{\Delta[I_2]}{\Delta t} = \frac{\Delta[HI]}{\Delta t}$$

也就是說，莫耳濃度變化量會隨物質不同有所改變。

一般而言，「每 1 係數的莫耳濃度變化」又會取決於該化學反應的反應速率。以上述的反應式為例，

$$反應速率 v 為 = \frac{\Delta[H_2]}{\Delta t} = \frac{\Delta[I_2]}{\Delta t} = \frac{1}{2} \times \frac{\Delta[HI]}{\Delta t}$$

反應速率會隨三要素改變

反應速率 v 雖然會隨反應種類有所差異，但即便是同一反應，條件不同也可能使反應速率改變。

在探討條件之前，必須先搞懂**化學反應的發生過程**。

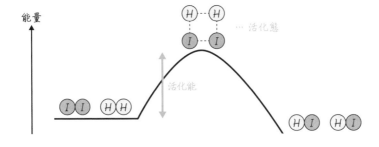

例：$H_2 + I_2 \rightarrow 2HI$　反應發生過程如下：

※ 活化態＝反應過中能量達到高峰的狀態

　　（能量會比分散的原子狀態還來得低）

※ 活化能＝構成活化態所需的能量

若 H_2 分子與 I_2 分子相互碰撞並超越活化態時將會起反應，相對地，未超越活化態就不會起反應。

各位必須先了解反應過程，才能進一步理解加快反應速率 v 為何會有三種方法。

①提高濃度

反應物（反應的分子）會彼此相互碰撞，產生化學反應。當濃度愈高，分子間的碰撞次數就會增加，使反應速率 v 變快。

②提高溫度

當溫度變高，分子移動的速度就會變快，這同樣能使分子間的碰撞次數增加，反應速率 v 變快。不過，即便分子碰撞，若沒有超過活化能的話也不會起反應。當溫度變高，高能量的分子占比也會變多，如此一來就能使超過活化能的機率提高，反應速率 v 變快。

③添加催化劑

添加催化劑可使活化能以較短的途徑產生反應，參與反應的分子也會隨之增加，提升反應速率 v。

33 化學平衡

化學反應過後，所有變化都會停止嗎？其實只是看起來停止，實際上還在繼續反應呢？

Point

當反應看起來不再變化，即代表達到平衡狀態

化學反應又分成不可逆反應與可逆反應。

不可逆反應

例1：甲烷完全燃燒 $CH_4 + 2O_2 \rightarrow CO_2 + 2H_2O$

　　會發生左向右的反應（正反應）$CH_4 + 2O_2 \rightarrow CO_2 + 2H_2O$，

　　但不會發生右向左的反應（逆反應）$CO_2 + 2H_2O \rightarrow CH_4 + 2O_2$。

這種只能單向進行的反應稱作**不可逆反應**。

可逆反應

例2：氣體狀態的氫與碘混合時所發生的反應 $H_2 + I_2 \rightleftarrows 2HI$

　　既會發生左向右的反應（正反應）$H_2 + I_2 \rightarrow 2HI$，

　　也會發生右向左的反應（逆反應）$2HI \rightarrow H_2 + I_2$。

這類反應名為**可逆反應**。

以例2來說，剛開始只有 H_2 與 I_2，所以會發生正反應。假設正反應的反應速率為 v_1，那麼「$v_1 = k_1[H_2][I_2]$」。隨著正反應的進行，H_2 和 I_2 都會減少，使 v_1 跟著變小。

另一方面，正反應的進行也會讓 HI 增加，即表示逆反應的反應速率「$v_2 = k_2[HI]^2$」會變大，最後達到「$v_1 = v_2$」的狀態。雖然正反應與逆反應持續進行，不過當 $v_1 = v_2$ 的時候，兩邊的反應速率一致，所以反應看起來會像停止一樣，這種狀態即稱為**平衡狀態**。

📖 平衡狀態會朝著讓變化趨緩的方向移動

當某個反應達到平衡狀態時，「**正反應的反應速率 v_1 ＝逆反應的反應速率 v_2**」，假設這個關係因為某個條件出現變化而失去平衡，以致「$v_1 > v_2$　or　$v_1 < v_2$」。

那麼，正反應或逆反應會跟著啟動，直到 v_1 反應速率再次等於 v_2 反應速率，達到新的平衡狀態。此過程名叫**平衡移動**。

在面對各種條件變化時，我們必須懂得判斷平衡狀態會往哪個方向移動。

其實只要掌握一個原則，那就是平衡**會朝著讓變化趨緩的方向移動**，便能理解條件改變與平衡移動的對應性。

● 濃度改變時

假設某個反應處於平衡狀態，當裡頭某一特定物質的濃度提高，那麼平衡會朝著讓該物質濃度下降的方向移動。反觀，若特定物質的濃度下降，平衡就會朝著讓該物質濃度提高的方向移動。

● 壓力改變時

處於平衡狀態的反應物質整體壓力變大時，平衡就會移動，並朝分子數減少的方向改變。這是因為當分子數減少時，整體壓力就會變小。相對地，當整體壓力變小，分子數將會朝增加的方向移動。

● 溫度改變時

一旦溫度上升，平衡就會朝吸熱反應進行的方向移動，使溫度下降。相對地，當溫度下降，平衡將朝發熱反應進行的方向移動，使溫度上升。

順帶一提，添加催化劑後，無論是正反應的反應速率 v_1，還是逆反應的反應速率 v_2 都會變大，但因為變大的倍率一樣，即便達到平衡狀態的時間縮短，也不會出現平衡移動。

34 解離平衡

水溶液其實也會出現化學平衡，但是要搭配解離常數和解離度這兩個數值來探討。

Point

從兩個數值可以看出解離程度

假設醋酸（CH_3COOH）在水中部分解離，並達到平衡狀態。

$$CH_3COOH \rightleftarrows CH_3COO^- + H^+$$

像這樣因為解離所達到的平衡，稱為**解離平衡**。

解離常數

解離平衡的平衡常數稱作**解離常數**，解離常數可表示如下。

$$K_a = \frac{[CH_3COO^-][H^+]}{[CH_3COOH]}$$

（酸性[acid]狀態會寫作K_a，鹼性[base]則會寫作K_b）

只要溫度不變，解離常數也會固定。

解離度

解離常數可以讓我們掌握酸性或鹼性解離到什麼程度，但如果想要立刻知道解離的程度差異，那麼，代表酸性及鹼性解離比的**解離度**會更便利。

舉例來說，弱酸性的醋酸（CH_3COOH）解離度約為 0.01，就表示以醋酸整體來說，只有 1% 會解離。

探討弱酸性物質的解離程度時，會使用到解離常數與解離度這兩個數值。

📖 掌握解離常數與解離度的關係

解離常數與解離度的關係可做下頁的解讀。

例：假設醋酸（CH_3COOH）的解離度為 α

$$
\begin{array}{lccc}
 & CH_3COOH & \rightleftarrows \quad CH_3COO^- & + \quad H^+ \\
\text{解離前} & C & 0 & 0 \\
\text{反應量} & -C\alpha & +C\alpha & +C\alpha \\
\hline
\text{平衡時} & C(1-\alpha) & C\alpha & C\alpha
\end{array}
$$

單位：mol/L

解離常數 $K_a = \dfrac{[CH_3COO^-][H^+]}{[CH_3COOH]} = \dfrac{C\alpha \times C\alpha}{C(1-\alpha)} = \dfrac{C\alpha^2}{1-\alpha} \doteqdot C\alpha^2$

⬇

> 弱酸時 $\alpha \ll 1$，所以 $1-\alpha \doteqdot 1$

從中可以得知，解離常數 α 和解離度 K_a 之間存在 $\alpha = \sqrt{\dfrac{K_a}{C}}$ 的關係。

透過此關係，可以得知

$$[H^+] = C\alpha = C \times \sqrt{\dfrac{K_a}{C}} = \sqrt{CK_a}$$

所以，就算不知道解離度 α 是多少，還是能求出氫離子濃度。

另外，上述關係式 $\alpha = \sqrt{\dfrac{K_a}{C}}$ 還可看出，即便溫度條件相同，只要弱酸性物質的濃度 C 愈大，解離度 α 就會愈小。濃度 C 愈小，解離度 α 就會愈大。

〔Business〕緩衝溶液的原理

所謂的緩衝溶液，是指加入少量的酸或鹼時，pH值也幾乎不會改變的溶液，正是運用解離平衡的概念。血液的pH值必須維持在7.40左右，而血液中所含的二氧化碳及碳酸氫根，就負責扮演緩衝溶液的角色。

另外，醫療用點滴藥物會添加pH值，避免血液的pH值在點滴過程中出現大幅變化，這同樣是緩衝溶液的運用範例。

去除油性墨水的最佳方法

假設我們不小心用油性筆在桌上畫出痕跡。這時，用水可擦不掉痕跡，而是必須改用稀釋劑（paint thinner）等油類液體。所謂油類，是指非極性物質。油性墨水的成分也包含了非極性物質。

相對地，水是由極性分子構成，水性墨水同樣是具備極性的物質，所以兩者較能彼此相溶。

所有物質可以大致分成親水性（極性）或疏水性（非極性）。只要先掌握這個觀念，就會比較容易分辨什麼物質和什麼物質可以相溶，並且運用在藥物使用、清潔作業等用途。如此一來將能讓藥劑發揮更大的效用。

預防道路結冰

我們有時會看見冬天道路上撒了白色顆粒，這些顆粒是一種名叫氯化鈣的物質。當溶質溶於水後，凝固點會下降，對於防止道路結冰很有幫助。

氯化鈣（$CaCl_2$）的製作成本相對低廉。從「$CaCl_2 \rightarrow Ca^{2+} + 2Cl^-$」還可得知，氯化鈣能解離出大量離子，對降低凝固點亦可帶來極大幫助。

氯化鈣溶於水的時候會發熱，同樣能防止結冰。這也讓我們知道，用來預防道路結冰的物質可是有挑選過的呢。

這下終於解開長久以來的謎團，知道白色顆粒究竟是什麼了，實在很有趣呢。

Chapter

06

化學篇
無機化學

與生物無關的物質

世界上存在的物質可以分類成「**無機化合物**」與「**有機化合物**」。裡頭用了有機和無機這兩個字，這裡的「機」又是指什麼呢？

「機」可以理解成我們的心。就好比機械也有機，如果機械不按下開關，就無法啟動。這也代表著如果不從外部使其作動，機械將無法運行。

而人心也有著相同特徵，綜觀我們心中怎麼想、怎麼思考，就會發現其實深受周遭環境的影響，所以同樣能將人心比擬成機。

有了這個概念後，便能進一步瞭解到，有機化合物這種物質能構成具備心的生物形體。像是大家容易聯想到的蛋白質、脂質等，這些都是有機化合物。不只動物，有機化合物也能構成植物形體。

相反地，與生物無關的物質稱為**無機化合物**，包含了氧氣、氫氣等氣體，鐵、銅等金屬，甚至是礦石類物質，種類繁多。

在過去會以與生物有無相關來分類，但現在已改成「含碳」屬於有機化合物，「不含碳」屬於無機化合物（二氧化碳等無機化合物則是例外）。相關內容會在 Chapter 07 詳細說明，但各位可以先了解到，生物形體中是含有非常大量的碳。

掌握無機化合物的重點

本章會學習不含碳元素的無機化合物。說到無機化合物，應該不少人都有「會提到很多物質，背得很辛苦」的印象。的確，接下來的內容也會有許多物質登場，但其實理解內容時可以先掌握兩個重點，分別是：

● 不要以物質作區分，而是要改用「氣體」、「金屬」等類群來彙整

● 理解構成反應的化學理論

本章會著重上述兩點，帶各位複習無機化合物的重要內容。

🎓 若要作為文化知識學習

探討無機化學時，會發現氣體、金屬等你我身邊常見的大量物品都可見其蹤影。其實只要重新以化學的角度審視這類物質，應該就能有相當多的發現。

💼 對於工作上需要的人而言

如果工作上需要使用馬達，懂得如何活用金屬的話，就能改變馬達的能量轉換效率；甚至能組合不同金屬，製成合金。所以掌握金屬特性，是生產造物不可或缺的環節。

✏️ 對考生而言

這個範圍會提到許多物質，所以很容易搞混亂，但只要彙整出必備知識再加以理解，其實都能融會貫通。站在另一個角度思考，對於理論化學不強的學生來說，只要認真仔細學習本章內容，就一定能拿到分數。如果你覺得自己也是這類型的學生，務必好好掌握接下來要談的內容。

01 非金屬元素（1）

接下來會分幾個小節來解說非金屬元素的性質。首先來整理一下氣體是怎麼產生的。

> **Point**
>
> ### 分類並了解氣體
>
> 　我們很難背完所有氣體是如何產生的，但如果以下表的方式，依種類整理出想要產生的氣體，那麼在探討方法時會變得比較容易理解。

氣體種類	大考會出現的氣體
①弱酸	H_2S、CO_2、SO_2
②弱鹼	NH_3
③揮發酸	HCl
④其他	H_2、Cl_2、NO、NO_2、O_2、O_3

> 　舉例來說，第①項的三種氣體產生原理全部相同，所以彙整在一起來探討會比較有效率。
>
> 　另外，第①～③項的產生原理類似，搞懂第一項，就能快速理解第②、③項的相關知識。

依照分類理解氣體如何產生

　若要產生被分類在弱酸類的氣體，可直接**讓弱酸裡面的鹼與強酸反應**。這裡就以硫化氫（H_2S）為例來說明原理。

　將硫化鐵（Ⅱ）（FeS）加入稀硫酸（H_2SO_4）中，就會產生H_2S。

　FeS是由下述中和反應所形成的鹽類。

$$\underset{\text{弱酸}}{\underline{(H_2S)}} \quad + \quad \underset{\text{鹼性}}{\underline{(Fe(OH)_2)}} \quad \rightarrow \quad FeS \quad + \quad 2H_2O$$

FeS水溶液會達到平衡，反應式如下：

$$\boxed{H_2S} \quad \rightleftarrows \quad S^{2-} \quad + \quad 2H^+$$

$$Fe(OH)_2 \quad \rightleftarrows \quad Fe^{2+} \quad + \quad 2OH^-$$

接著，添加強酸物質H_2SO_4的話，

$$\boxed{H_2SO_4} \atop \text{強酸} \quad \rightleftharpoons \quad 2H^+ \quad + \quad SO_4^{2-}$$

就會加入新的化學平衡（H_2SO_4為強酸，所以平衡會明顯右傾），最後出現以下的化學變化：

③產生 ②平衡移動

$$\boxed{H_2S} \quad \rightleftarrows \quad S^{2-} \quad + \quad \boxed{2H^+}$$

$$Fe(OH)_2 \quad \rightleftarrows \quad Fe^{2+} \quad + \quad 2OH^-$$

$$\boxed{H_2SO_4} \quad \rightleftharpoons \quad \boxed{2H^+} \quad + \quad SO_4^{2-}$$

並產生硫化氫（H_2S）。

彙整上述化學式，可以得到：

$$\boxed{FeS} \atop \text{弱酸鹽} \quad + \quad \boxed{H_2SO_4} \atop \text{強酸} \quad \rightarrow \quad FeSO_4 \quad + \quad \boxed{H_2S} \atop \text{弱酸}$$

這時便能得知，弱酸鹽與強酸反應後能夠產生弱酸。我們還能用相同方式，產生同樣歸類在弱酸物質的CO_2與SO_2。

理解其中的共通性後，不必死背內容就能融會貫通囉。

如何產生二氧化碳（CO₂）

$$\underbrace{CaCO_3}_{\text{弱酸鹽}} + \underbrace{2HCl}_{\text{強酸}} \rightarrow CaCl_2 + H_2O + \underbrace{CO_2}_{\text{弱酸}}$$

$CaCO_3$ 是由下述中和反應所產生的鹽類。

$$CO_2 + Ca(OH)_2 \rightarrow CaCO_3 + H_2O$$

如何產生二氧化硫（SO₂）

$$\underbrace{Na_2SO_3}_{\text{弱酸鹽}} + \underbrace{H_2SO_4}_{\text{強酸}} \rightarrow Na_2SO_4 + H_2O + \underbrace{SO_2}_{\text{弱酸}}$$

Na_2SO_3 是由下述中和反應所產生的鹽類。

$$SO_2 + 2NaOH \rightarrow Na_2SO_3 + H_2O$$

另外，SO_2 還能透過下述讓銅（Cu）和加熱的濃硫酸（H_2SO_4）起反應的方式取得。

$$Cu + 2H_2SO_4 \rightarrow CuSO_4 + 2H_2O + \boxed{SO_2}$$

📖 如何產生弱鹼類氣體？

想要取得歸類為弱鹼的氣體（其實也只有氨氣[NH_3]），只要讓**弱鹼鹽與強鹼起反應即可**。

換句話說，就是將弱酸鹽的酸鹼顛倒來看，所以基本原理相同。

氯化銨（NH_4Cl）與氫氧化鈣（$Ca(OH)_2$）混合加熱會產生氨氣（NH_3）。

NH_4Cl是由下述中和反應所產生的鹽類。

$$\underset{\text{弱鹼}}{\boxed{NH_3}} + \underset{\text{酸}}{\boxed{HCl}} \rightarrow NH_4Cl$$

NH_4Cl水溶液會達到平衡，反應式如下：

$$\boxed{NH_3} + H_2O \rightleftarrows NH_4^+ + OH^-$$

$$HCl \rightleftarrows H^+ + Cl^-$$

接著，添加強鹼物質$Ca(OH)_2$的話，

$$\underset{\text{強鹼}}{\boxed{Ca(OH)_2}} \xrightarrow{\longleftarrow} Ca^{2+} + 2OH^-$$

就會加入新的化學平衡（$Ca(OH)_2$為強鹼，所以平衡會明顯右傾），最後出現以下變化：

③產生 ②平衡移動 ①增加

$$\boxed{NH_3} + H_2O \rightleftarrows NH_4^+ + \boxed{OH^-}$$

$$HCl \rightleftarrows H^+ + Cl^-$$

$$\boxed{Ca(OH)_2} \xrightarrow{\longleftarrow} Ca^{2+} + \boxed{2OH^-}$$

大量存在

並產生NH_3。

彙整上述化學式，可以得到：

$$\underset{\text{弱鹼鹽}}{\boxed{2NH_4Cl}} + \underset{\text{強鹼}}{\boxed{Ca(OH)_2}} \rightarrow CaCl_2 + 2H_2O + \underset{\text{弱鹼}}{\boxed{2NH_3S}}$$

這時便能得知，弱鹼鹽與強鹼反應後能夠產生弱鹼。

📖 如何產生揮發酸類型的氣體？

想要取得歸類為揮發酸的氣體（只有氯化氫 [HCl]），只要讓**弱鹼鹽與強鹼起反應即可**。

道理和前面提到的弱酸、弱鹼相同。

📖 產生揮發酸

將氯化鈉（NaCl）加入濃硫酸（H_2SO_4）並加熱，就會產生氯化氫（HCl）。HCl是由下述中和反應所產生的鹽類。

$$\underset{\text{揮發酸}}{\boxed{HCl}} \ + \ \underset{\text{鹼}}{\boxed{NaOH}} \ \rightarrow \ NaCl \ + \ H_2O$$

NaCl水溶液會達到平衡，反應式如下：

$$\boxed{HCl} \ \rightleftarrows \ H^+ \ + \ Cl^-$$

$$NaOH \ \rightleftarrows \ Na^+ \ + \ OH^-$$

接著，添加非揮發酸H_2SO_4的話，

$$\underset{\text{非揮發酸}}{\boxed{H_2SO_4}} \ \rightleftharpoons \ 2H^+ \ + \ SO_4^{2-}$$

就會加入新的化學平衡（H_2SO_4為強酸且不具揮發性，所以平衡會明顯右傾），最後出現以下變化，最後產生HCl：

③具揮發性，　　②平衡移動　　①增加
會蒸發

$$\boxed{HCl} \ \rightleftarrows \ \boxed{H^+} \ + \ Cl^-$$

$$NaOH \ \rightleftarrows \ Na^+ \ + \ OH^-$$

$$\boxed{H_2SO_4} \ \rightleftharpoons \ \boxed{2H^+} \ + \ SO_4^{2-}$$

具非揮發性，
不會蒸發

彙整上述化學式，可以得到：

$$\underset{\text{揮發酸的鹽類}}{\boxed{\text{NaCl}}} \quad + \quad \underset{\text{非揮發酸}}{\boxed{\text{H}_2\text{SO}_4}} \quad \rightarrow \quad \text{NaHSO}_4 \quad + \quad \underset{\text{揮發酸}}{\boxed{\text{HCl}}}$$

揮發酸的鹽類與不具揮發性的酸類反應後，能夠產生揮發酸，並做出弱酸、弱鹼、揮發酸這幾類氣體都能以類似原理產生的結論。

然而，分類在其他項目的氣體產生方式，就比較難一概而論，需要依下述方式個別探討。

如何產生氫氣（H_2）

在酸性物質中加入離子化傾向比 H 更大的金屬，就能產生氫氣。

$$\boxed{\text{Zn}} \quad + \quad \boxed{\text{H}_2\text{SO}_4} \quad \rightarrow \quad \text{ZnSO}_4 \quad + \quad \boxed{\text{H}_2}$$

如何產生氯氣（Cl_2）（2種方法）

將氧化錳（Ⅳ）（MnO_2）加入濃鹽酸並加熱。

$$\boxed{\text{MnO}_2} \quad + \quad \boxed{\text{4HCl}} \quad \rightarrow \quad \text{MnCl}_2 \quad + \quad 2\text{H}_2\text{O} \quad + \quad \boxed{\text{Cl}_2}$$

將漂白粉（$CaCl(ClO)$）・H_2O加入鹽酸。

$$\boxed{\text{CaCl(ClO)}\text{H}_2\text{O}} \quad + \quad \boxed{\text{2HCl}} \quad \rightarrow \quad \text{CaCl}_2 \quad + \quad 2\text{H}_2\text{O} \quad + \quad \boxed{\text{Cl}_2}$$

Business **地球的大氣結構**

人們也是在理解了地球的大氣結構後，才發現如何產生氣體的。

現在地球仍存在非常多重要氣體，像是吸收紫外線的臭氧等。想要掌握這些氣體的特性，就必須仰賴上述的氣體產生實驗。

📖 文化知識 ★★★★　　📦 實用 ★★★★　　🏆 考試 ★★★

02 非金屬元素（2）

接下來將彙整氣體性質，解說非金屬元素的特性表現。

氣體重量取決於分子量

只要將各種氣體的共通特性加以彙整，在理解上就會更加輕鬆。

首先，要請各位先學會如何判斷氣體比空氣重或輕。

當氣體的分子量愈大，重量就愈重，

- 氣體分子量＜28.8（＝空氣的平均分子量）：比空氣輕
- 氣體分子量＞28.8（＝空氣的平均分子量）：比空氣重

所以我們能根據分子量，判斷氣體究竟比空氣重還是輕。比空氣輕的氣體很少，大概只有氫氣（分子量2）、甲烷（分子量16）、氨氣（分子量17）等，大部分的氣體基本上都比空氣重。

根據亞佛加厥定律，也就是同溫同壓下，同體積的不同氣體會有相同的分子數，一樣能導出這個道理。

📖 透過是否易溶於水來掌握氣體性質

各位不妨先記住，所有氣體中又以CO_2、SO_2、NO_2、Cl_2、HCl、H_2S、NH_3這七種氣體**較容易溶於水**。接著再探討下面的集氣法、水溶液 pH 值和臭味時會更好理解。

● 收集透過集氣法產生的氣體

收集產生氣體的方法有三種，分別是**排水集氣法**、**向下排氣法**和**向上排氣法**。當中最容易收集氣體的就屬排水集氣法（可以避免空氣混入），只要是不易溶於水的

氣體，都能用排水集氣法取得，因此結論為「CO_2、SO_2、NO_2、Cl_2、HCl、H_2S、NH_3以外的氣體→排水集氣法」。

易溶於水的氣體中，只有氨氣（NH_3）（分子量17）比空氣輕，所以，

$NH_3 \Rightarrow$ 向下排氣法　　　CO_2、SO_2、NO_2、Cl_2、HCl、$H_2S \Rightarrow$ 向上排氣法。

● 水溶液pH值

將易溶於水的氣體溶於水中後，水溶液會變成酸性或鹼性。這也意味著能判斷水溶液究竟是酸性還是鹼性的，只有這七種易溶於水的氣體。

七種氣體中，水溶液為鹼性的僅有氨氣（NH ），所以，

$NH_3 \Rightarrow$ 鹼性　　　CO_2、SO_2、NO_2、Cl_2、HCl、$H_2S \Rightarrow$ 酸性。

● 帶臭味的氣體易溶於水

基本上，帶臭味的都是易溶於水的氣體。因為氣體會滲入濕潤的鼻腔黏膜，造成刺激，使人覺得會臭。不過，二氧化碳（CO_2）算是例外，它雖然易溶於水，卻沒有臭味，反而是不易溶於水的臭氧（O_3）帶臭味。關於臭味的彙整如下。

SO_2、NO_2、Cl_2、HCl、NH_3、$O_3 \Rightarrow$ 刺激性臭味　　　$H_2S \Rightarrow$ 蛋臭味

● 有色氣體

下面三種氣體帶有特殊顏色。

Cl_2：黃綠色　　　O_3：淡藍色　　　NO_2：紅褐色

● 具強毒的氣體

帶刺激性臭味的氣體具有毒性，其中又以下面兩種的毒性特別強。

H_2S、CO $\Rightarrow$ 毒性特強

此外，下述兩種則有漂白作用。

Cl_2、$SO_2 \Rightarrow$ 漂白作用

03 非金屬元素（3）

探討非金屬元素性質時，若能了解什麼是氣體乾燥劑將會更便利。

> **Point**
>
> ## 依氣體類型須使用不同的乾燥劑
>
> 　　有時我們必須使用**乾燥劑**來去除氣體中所含的水分。畢竟，若要透過實驗產生氣體，就無法避免水分參雜其中。
>
> 　　乾燥劑可分幾個種類，由於性質不同，使用上也須作下述區分。重點為必須挑選不會與氣體本身起反應的乾燥劑。
>
>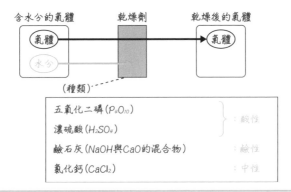

搞懂什麼是酸性、中性、鹼性對如何選用乾燥劑很重要

　　五氧化二磷（P_4O_{10}）是一種酸性乾燥劑，**會與鹼性氣體起反應**，所以不能用來乾燥鹼性氣體。濃硫酸（H_2SO_4）這種乾燥劑也是酸性，同樣不能用來乾燥鹼性氣體。

　　還要注意一點，那就是濃硫酸具備**強大的氧化力**。如果遇到還原力很強的硫化氫（H_2S）將會形成氧化還原反應，所以不能搭配使用。

　　鹼石灰則是鹼性乾燥劑，當然就不能用來乾燥酸性氣體。

氯化鈣（$CaCl_2$）屬中性乾燥劑，既能乾燥酸性氣體，也能乾燥鹼性氣體。不過，氯化鈣會和氨氣（NH_3）反應並結合，所以兩者不能搭配使用。

產生氣體並調查其性質的實驗

在產生氣體並調查其性質的實驗中，會利用下述裝置乾燥氣體。這裡就以氫氣為例，來說明氣體產生實驗。

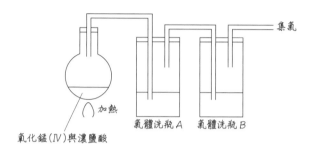

若要產生氫氣，就必須參照上面的步驟，分兩階段乾燥，順序過程說明如下。

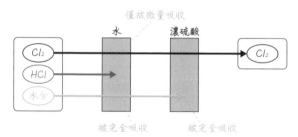

如果將加入水和濃硫酸的順序顛倒，就會變成下面的情況，以致無法成功收集乾燥的Cl_2，務必多加留意。

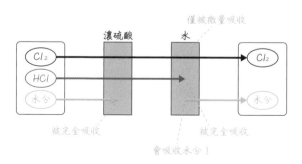

04 金屬元素（1）

探討金屬元素前，先彙整一下金屬離子檢測法。有了這個方法，我們就能掌握肉眼不可見，但實際存在的離子。

Point

金屬離子與陰離子起反應後會生成沉澱

金屬離子（調查溶液中所含的金屬離子種類）檢測法中，包含了**確認有無生成沉澱物**的方法。

特定的金屬離子（陽離子）與陰離子結合後會產生沉澱，所以只要在溶液中加入陰離子，調查是否有沉澱，就能掌握存在於溶液中的陽離子種類。

想要利用這個方法，須事先了解哪些金屬離子和陰離子的組合會產生沉澱。另外，也要懂得確認沉澱物的顏色。

鹼金屬的離子不會沉澱

可生成沉澱的離子組合彙整如下。

● 遇到氫氧根離子（OH^-）會沉澱：鹼金屬與鹼土金屬除外的金屬離子（加入$NaOH$水溶液或NH_3水溶液就會沉澱）

⬇ 沉澱後卻也有可能出現下述情況

　加入過多$NaOH$水溶液會溶解的物質：兩性金屬元素離子

　加入過多NH_3水溶液會溶解的物質　：Zn^{2+}、Cu^{2+}、Ag^+

● 遇到氯化物離子（Cl^-）會沉澱：Ag^+、Pb^{2+}

（加入鹽酸[HCl水溶液]就會沉澱）

- 遇到碳酸離子（CO_3^{2-}）及硫酸離子（SO_4^{2-}）會沉澱：Ca^{2+}、Ba^{2+}、Pb^{2+}

  （加入碳酸水或硫酸就會沉澱）

- 遇到鉻酸離子（CrO_4^{2-}）會沉澱：Ba^{2+}、Pb^{2+}、Ag^+

  （加入鉻酸鉀〔K_2CrO_4〕水溶液就會沉澱）

- 遇到硫化物離子（S^{2-}）會沉澱（灌入硫化氫〔H_2S〕就會沉澱）

這時，會根據金屬的離子化傾向以及溶液的pH值，判別是否產生沉澱，結果如下。

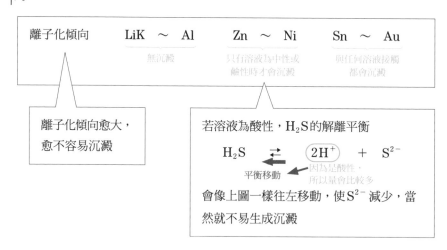

以上就是可生成沉澱的離子組合。對了，鹼金屬離子無法生成沉澱，所以不會出現在上述內容中。

〔Business〕海水及河川的水質調查

海水及河川裡含有各種離子，透過離子的調查，能讓我們掌握水質。其中包含了**沉澱形成法**。

離子也存在於無酒精飲料等飲品、調味料等與料理相關的用品中，所以調查離子狀況還能掌握產品品質。

若想要調查生活中的水溶液，沉澱形成反應的幫助可是非常大的呢。

Chapter 06

無機化學

233

05　金屬元素（2）

金屬還能透過變成合金的方式，發揮本身具備的強大力量。這裡就讓我們來掌握一些代表性合金的特徵吧。

 Point

✊ 合金是混合物，不是化合物

　　將兩種以上的金屬混合在一起後稱作**合金**，因為只有混合，所以不屬於化合物，僅能算是混合物。

　　常見的合金種類如下（下表僅列出各合金的主要成分，所以還有可能包含其他較少量的金屬）。

不鏽鋼	Fe＋Cr＋Ni
硬鋁（杜拉鋁）	Al＋Cu＋Mg
錫焊料	Sn（＋Pb）
青銅	Cu＋Sn
黃銅	Cu＋Zn
白銅	Cu＋Ni
鎳鉻合金	Ni＋Cr

📖 合金用途

　　銅錫合金的青銅特徵為不易生鏽、質地堅硬，所以常見於美術作品、寺院掛鐘、10日圓硬幣等物品。看來，人類自古就深知合金的好處呢。

　　黃銅為銅鋅合金，由於既可拉長，又可折彎，相當容易加工，因此常見於銅管樂器，佛具及5日圓硬幣也會使用黃銅。

鐵加入鉻、鎳就能製成不鏽鋼，添加這些元素能讓鐵變得不易生鏽。因為鉻會形成一層氧化皮膜。

鋁加了銅和鎂之後，就能製成重量輕又堅固的硬鋁。硬鋁的特徵之一為**容易加工**，所以常見於飛機機體。

烙焊會用到的錫焊料原本是鉛錫合金，但因為鉛對人體有害，所以現在多半會採用無鉛配方，除了以錫為主成分，還會添加銅、銀、鎳等成分。

電阻較大的鎳鉻線在電流通過時能大量生熱，因此常被作為吹風機等產品的電熱線。由於是鎳與鉻的合金，所以會簡稱為鎳鉻合金。

🖥️ Business 形狀記憶合金所使用的金屬

形狀記憶合金也是一種合金，能記住成形時的形狀。即便合金變形，還是能透過加熱或冷卻過程回復到原本的模樣。形狀記憶合金包含許多元素，例如鎳鈦合金（Nitinol）。像是電子鍋的調壓孔、內衣鋼圈、鏡架、人造衛星天線裝置等也都會使用形狀記憶合金。

儲氫合金同樣是一種備受重用的合金，它在低溫時能吸收氫氣，溫度上升後則能釋放氫氣，鎳氫電池所用的就是儲氫合金。數位相機、電動輔助自行車等產品都會用到鎳氫電池。

人類邁向去碳（decarbonization）社會的道路上，氫能的運用相當受到注目，因此儲氫合金更是備受期待，也可預期今後儲氫合金的研究肯定會持續發展。

06 金屬元素（3）

我們身邊雖然無法看見單質狀態的鈣，但鈣化合物其實會出現在各種場合，這裡就來彙整出鈣的變化與特徵。

Point
鈣能夠生成各種化合物

鈣的化合物包含下面這些物質，接著來彙整一下這些物質是透過怎樣的變化所生成。

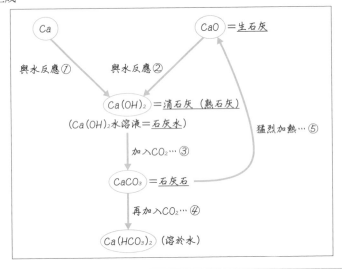

鈣化合物的變化原理

Point彙整出的①～⑤變化過程如下。

首先來看①，單質狀態的鈣（Ca）和其他鹼金屬一樣，溶於水後會產生氫氣。

$$Ca + 2H_2O \rightarrow Ca(OH)_2 + H_2$$

②則是將氧化鈣（生石灰[CaO]）加水，這時會大量生熱，並轉變成氫氧化鈣

（消石灰［Ca(OH)₂］）。

$$CaO + H_2O \quad \rightarrow \quad Ca(OH)_2$$

③和④所提到的則是氫氧化鈣（Ca(OH)₂）水溶液，又名**石灰水**。加入二氧化碳（CO₂）後會形成碳酸鈣（石灰石［CaCO₃］）沉澱，使石灰水變白混濁。

$$Ca(OH)_2 + CO_2 \quad \rightarrow \quad CaCO_3 + H_2O$$

持續加入CO₂的話，CaCO₃會轉變成碳酸氫鈣（Ca(HCO₃)₂），白色混濁也隨之消失。

$$CaCO_3 + CO_2 + H_2O \quad \rightleftarrows \quad Ca(HCO_3)_2$$

⑤則是將CaCO₃猛烈加熱，這時會產生CO₂，並轉變成氧化鈣（生石灰［CaO］）。

$$CaCO_3 \quad \rightarrow \quad CaO + CO_2$$

📺Business 拉一下繩子就能加熱的加熱便當原理

氧化鈣（生石灰［CaO］）和水反應時，會大量生熱。日本有一種加熱便當就利用了這個反應，讓客人立即品嘗到熱騰騰的便當。加熱便當的底部會隔出兩個區塊，分別置入氧化鈣、水，只要在開動前拉繩，就能讓氧化鈣和水混合，藉此發熱。

鈣的化合物還包含了硫酸鈣。含水的硫酸鈣就是石膏，常見於石膏像、建材及醫用石膏。看來，鈣可不只存在於骨骼和牛奶呢。

07 化學藥物保存法

生成化學物質的場所必須嚴謹管控化學藥物。除了避免危險發生，還要杜絕藥物起變化。

Point

依化學藥物的特性予以保存

化學藥物的保存方式彙整如下。

藥物種類	保存方法
白磷（黃磷）	水中
鹼金屬	石油中
氫氟酸（HF水溶液）	聚乙烯容器中
● 氫氧化鈉 ● 氫氧化鈉水溶液	聚乙烯容器中
● 濃硝酸 ● 銀化合物（$AgNO_3$、$AgCl$等）	棕色玻璃瓶中
溴	安瓶中

藥物保存法的根據

　　白磷（黃磷）是紅磷的同位素，紅磷常見於火柴的摩擦面，也就是火柴頭。紅磷本身雖然很安全，但白磷卻有可能在空氣中自燃，同時還帶有劇毒。為了避免白磷在空氣中自燃，就必須將其**存放在水中**。

　　鋰、鈉、鉀等鹼金屬是反應性很高的金屬，不只會立刻與空氣中所含的氧氣產生反應，造成生鏽，甚至還能與空氣中的水蒸氣起反應，使金屬溶解。所以鹼金屬必須存放在**石油（煤油）中**。

氟化氫（HF）水溶液又名氫氟酸，能腐蝕玻璃，所以不能存放在玻璃容器，必須改置於**聚乙烯這類塑膠容器中**，因為聚乙烯不會被氫氟酸腐蝕。

氫氧化鈉（固體）與氫氧化鈉水溶液同樣會腐蝕玻璃，所以也同樣必須放在聚乙烯容器。

濃硝酸（液體）和AgNO$_3$、AgCl等銀化合物（固體）遇光會分解，所以要保存在**可遮蔽光線的棕色玻璃瓶**。

溴（常溫下為液體）是非常容易揮發的物質，所以要存放在**安瓶這類閉密性佳的玻璃容器中**。

氫氧化鈉容易**潮解**。所謂潮解，是指吸收空氣中水分的特性。氫氧化鈉吸收水分後就會變得黏稠，還很容易和空氣中的二氧化碳起反應。也因為這些特性，所以必須將氫氧化鈉保存在**閉密性佳的聚乙烯容器中**。

氫氧化鈉水溶液同樣須保存在閉密性佳的聚乙烯容器。雖然氫氧化鈉水溶液會與玻璃起反應，但反應速度很慢，所以**還是可以選擇放在玻璃瓶中**。不過，如果是使用玻璃栓，摩擦部分可能也會因為腐蝕導致瓶栓無法拔出，這時會建議改用橡膠栓或矽膠栓。

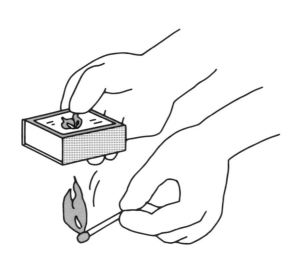

08 無機工業化學（1）

實際應用在工廠的化學稱作工業化學。其中的學問可是能降低原料成本、提升反應速率及生成物的產率呢。

 Point

利用高溫高壓大量產生氨氣

哈柏法

氨氣（NH_3）可以透過**哈柏法**依下述方式產出。

$$N_2 \ + \ 3H_2 \longrightarrow 2NH_3$$

> 約500℃
> 高壓（200～1,000大氣壓力）
> 催化劑（主成分：Fe）

用氮氣和氫氣產生氨氣的反應

用氮氣（N_2）和氫氣（H_2）生成氨氣（NH_3）的反應會達到「$N_2 \ + \ 3H_2 \ \rightleftarrows \ 2NH_3 \ + \ 92 \, kJ$」的平衡狀態。

想要提高氨氣的產率，只要讓平衡往右移動即可，這時必須搭配以下條件：

● 低溫（→發熱反應持續，平衡往右移動）

● 高壓（→分子數量減少，平衡往右移動）

不過，低溫會遇到一個問題，那就是反應速率變慢，所以要達到一定程度的高溫（約500℃），再添加以 Fe 為主成分的催化劑，才能提升反應速率。

📖 先製作高濃度的發煙硫酸再加以稀釋

說明完氨氣，接著來介紹如何製造硫酸（H_2SO_4）（為何會與氨氣一起介紹的理由，請參照Business）。

硫酸在工業上會以**接觸法**製成。

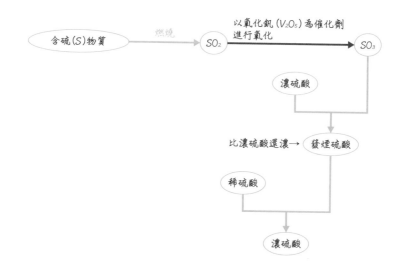

最容易吸收三氧化硫（SO_3）的是**濃硫酸**，所以實務上會先讓濃硫酸吸收三氧化硫，形成發煙硫酸。但發煙硫酸的濃度太高，必須添入稀硫酸加以稀釋。

濃硫酸就是用這種調整濃度的方式製成。

📺 Business 用於肥料的重要成分

隨著全球人口不斷增加，如何確保糧食成了人類共通的課題。想在有限的土地增加糧食產量就必須仰賴肥料。

硫酸銨（$(NH_4)_2SO_4$）是肥料的重要成分，透過氨與硫酸起反應生成，所以氨與硫酸是生產硫酸銨肥料不可或缺的原料。

也因為全球人口的增加，讓人們學會如何透過工業製程生產氨與硫酸。

09 無機工業化學（2）

接著要來介紹氫氧化鈉的製法。氫氧化鈉也是你我身邊常見的重要物質。

Point

鈉可以來自各種原料

離子交換膜法

想要製造氫氧化鈉（NaOH），只需要準備氯化鈉（NaCl）和水（H_2O）即可。

然後備妥下述裝置，再搭配電解，就能取得 NaOH 水溶液，此方法又稱**離子交換膜法**。

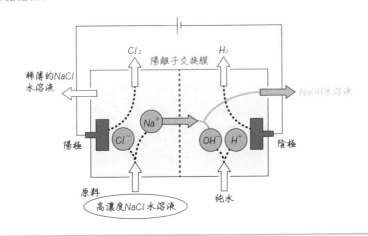

能交換特定離子的薄膜

製造氫氧化鈉時，會採用一種名叫**陽離子交換膜**的薄膜。只有陽離子能通過薄膜，陰離子會被阻擋下來。為什麼會需要用到陽離子交換膜呢？

NaOH會從Point中圖示的右側釋出。然而裝置中會存在氯化物離子（Cl^-），來自圖示左側。一旦氯化物離子混入右側，就無法形成純淨的氫氧化鈉。

氯化物離子是陰離子。只要在裝置中間擺入陽離子交換膜，將能避免氯化物離子從左側移往右側。

不過，左側的鈉離子必須前往右側，而陽離子交換膜就能讓同為陽離子的鈉離子通過。

過程中，陰陽極會產生的化學反應分別如下。

陽極的化學反應：$2Cl^- \quad \rightarrow \quad Cl_2 + 2e^-$

$\Downarrow$

陰極的化學反應：$2H^+ + 2e^- \quad \rightarrow \quad H_2$

這時我們可以發現，只要能將NaCl水溶液電解，即便沒有圖示中的裝置也能構成反應。然而，一旦少了裝置中的陽離子交換膜，反應過程產生的NaOH（鹼性）和Cl_2（酸性）引發反應，那就無法取得純淨的NaOH水溶液。

`Business` 製造肥皂的原料

氫氧化鈉也是製造肥皂所需的原料。現代社會大家應該都會用到肥皂，所以，肥皂是你我生活中相當重要的存在。

氫氧化鈉也會出現在造紙工業與纖維工業。另外，以氫氧化鈉製成的鹼石灰則是乾燥劑會用到的原料。

應該不少人都只有在理化實驗中看過氫氧化鈉。從上述內容便能進一步理解到，氫氧化鈉非常有用，能透過化學反應轉變成各種物質，進而增加用途呢。

10 無機工業化學（3）

接著要來說明如何製造碳酸鈉。以鈉的化合物來說，碳酸鈉和氫氧化鈉同樣都是相當常見的物質。

Point

以氨鹼法製造碳酸鈉

碳酸鈉（Na_2CO_3）在工業上會以**氨鹼法**（或稱索耳末法）製成，步驟如下圖所示。

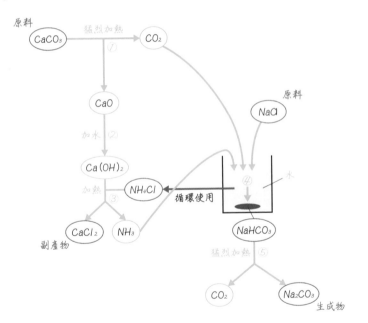

獲得龐大財富的索耳末

Point提到氨鹼法，而過程①～⑤的化學反應分別如下。

①：$CaCO_3 \rightarrow CaO + CO_2$

②：$CaO + H_2O \rightarrow Ca(OH)_2$

③：$Ca(OH)_2 + 2NH_4Cl \rightarrow CaCl_2 + 2NH_3 + 2H_2O$

④：$NaCl + NH_3 + CO_2 + H_2O \rightarrow NaHCO_3 + NH_4Cl$

⑤：$2NaHCO_3 \rightarrow Na_2CO_3 + CO_2 + H_2O$

彙整上述化學式後，就是「$CaCO_3 + 2NaCl \rightarrow Na_2CO_3 + CaCl_2$」。從中可以得知，$CaCO_3$ 與 $NaCl$ 是原料，反應後生成 $CaCO_3$ 的同時，也會產生副產物 $CaCl_2$。

看起來只要讓 $CaCO_3$ 和 $NaCl$ 直接反應，就能製造出碳酸鈉，既然如此，又為何要大費周章地從步驟①進行到步驟⑤呢？

因為 $CaCO_3$ 這種物質不易溶於水，在水溶液中會立刻沉澱，所以無法製成水溶液，使其產生化學反應。

而前面提到的**氨鹼法**就能夠避免此現象發生。氨鹼法是比利時人索耳未（Ernest Solvay）在1866年發現能成功製造碳酸鈉的工業化方法，據說他也因為這項發明獲得大量財富。

🖥Business 應用於腸胃藥

碳酸鈉亦是玻璃製造原料中不可或缺的物質，也能用來製造肥皂。製造碳酸鈉過程中會產生的碳酸氫鈉更是泡打粉及入浴劑會用到的原料。說到泡打粉，不少人應該都會想起國中做過的椪糖實驗。除此之外，碳酸鈉還能做成制酸劑（腸胃藥），抑制胃酸分泌。

11 無機工業化學（4）

這裡將介紹如何製造單質金屬，主要會提到鐵、鋁、銅這幾種人類較常使用的金屬。首先來整理一下製鋁的方法。

Point

👆 用氧化鋁製造單質鋁（Al）

鋁（Al）的生成可以利用下述方法，將氧化鋁（Al_2O_3）和六氟鋁酸鈉（Na_3AlF_6，亦稱冰晶石）的混合物透過熔融鹽電解後取得。

熔融鹽電解 Al_2O_3 和 Na_3AlF_6 的混合物

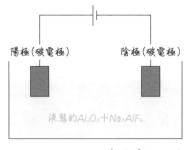

陽極（碳電極）　　　陰極（碳電極）

熔態的 Al_2O_3＋Na_3AlF_6

> 一般來說碳電極不會起反應，唯獨這個情況會出現反應。

※陽極產生的反應：
$$\begin{cases} C+O^{2-} \rightarrow CO+2e^- \\ C+2O^{2-} \rightarrow CO_2+4e^- \end{cases}$$

陰極產生的反應：$Al^{3+}+3e^- \rightarrow Al$：陰極會有單質鋁沉積

> 液體中雖然也存在 Na^+，但因為 Na 的離子化傾向比 Al 大，所以 Na^+ 不會起反應。這也是為什麼製鋁過程會選用冰晶石的理由。

📖 為什麼無法用電解水溶液的方式製鋁？

鋁（Al）是**離子化傾向比氫（H）還要大的金屬**，所以，就算電解含有鋁離子（Al^{3+}）的水溶液，不但無法取得單質狀態的 Al，還會因此生成氫。

此特性表現同樣會出現在製鈉（Na）的過程。想取得單質鈉，就必須靠下述方

法，將氯化鈉**熔融鹽電解**。

● **熔融鹽電解 NaCl**

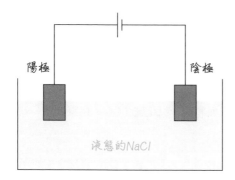

陽極　　　　　　　　　　　　　　陰極

液態的 NaCl

※陽極產生的反應：$2Cl^- \rightarrow Cl_2 + 2e^-$
　陰極產生的反應：$Na^+ + e^- \rightarrow Na$；陰極會有單質鈉沉積

所謂熔融鹽電解，就是將固體的氯化鈉加熱熔融呈液態後，再加以電解。

想要取得單質 Al，必須將鋁礬土主要成分的氧化鋁（Al_2O_3）加熱至熔點變成液體後電解。不過，與 NaCl 的熔點800℃相比，Al_2O_3 的熔點可是高達 2,000℃，要加熱至如此高溫實在困難。對此，只要將 Al_2O_3 混合大量冰晶石（Na_3AlF_6），讓熔點降至 1,000℃以下後，再將混合物熔融鹽電解，就能製造出單質 Al 了。

🖥 Business 飛機和汽車輕量化所需的金屬

鋁的特色在於**比鐵、銅更輕**，是飛機和汽車輕量化不可或缺的金屬。

產鋁會用到上述製法，所以需要耗費龐大能量，這也讓鋁在日本有著電氣罐頭之稱（※譯註：意指產鋁需要大量電力）。

透過回收重新產鋁的時候，需要的能量不僅遠比熔融鹽電解少，還能產出等量的鋁，所以鋁算是回收率相當高的金屬。

12 無機工業化學（5）

接著要來介紹如何製造單質鐵。鐵更是我們最常使用到的金屬。

Point

還原鐵礦取得鐵

鐵礦的主要成分是氧化鐵。只要利用一氧化碳（CO）還原鐵礦，就能製造出鐵。

不過，用這個方法製造出的鐵會含有大量的碳（C），直接拿來使用的話，質地特性是既堅硬又脆弱，所以必須利用氧氣來去除鐵所含的碳。

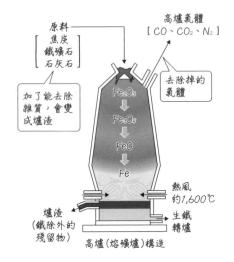

製鐵廠的製程

鐵礦是製造單質鐵（Fe）的原料。鐵礦可以分成赤鐵礦（Fe_2O_3）、磁鐵礦（Fe_3O_4）等多個種類，但其實這些鐵礦有個共通點，那就是皆由 Fe 氧化生成，所

以若要取得單質 Fe，只需將鐵礦還原即可。

將鐵礦連同焦炭（純碳）一同放入熔礦爐，再灌入 1,600℃的熱風，就能還原鐵礦（裡頭的 Fe）。後續製程概要彙整如下。

● **鐵礦還原**

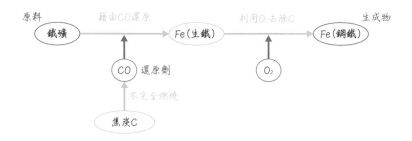

鐵礦藉由 CO 還原的反應可寫成下述反應式。

$$Fe_2O_3 + 3CO \quad \rightarrow \quad 2Fe + 3CO_2$$

從反應式中便可得知，製鐵過程會排放出造成溫室效應的二氧化碳氣體。但這個階段生成的鐵稱作生鐵，含有約 4%的碳量 C。生鐵既堅硬又脆弱，不去除 C 的話無法使用。

利用氧氣去除生鐵裡的碳含量，就能得到鋼鐵（碳量 C 低於 2%），我們便是用這種方式，製造出強韌的金屬鐵。

🖥️Business 鐵乃金屬之王

日文漢字的鉄其實古字也寫作「鐵」，將字體拆解會是「金邊配上王與哉」。鐵更是所有金屬中，人類自古使用自今歷史最悠久的金屬，完全符合金屬之王的稱號。目前，鐵更被運用在汽車、建材等諸多範疇，用途多到不勝枚舉呢。

13 無機工業化學（6）

最後要來介紹單質銅的製法。銅，也是對人們日常生活非常重要的金屬。

Point

銅要先經過電解精煉

去除金屬中雜質的工序稱作精煉。純銅可透過電解方式精煉，也就是以**電解精煉**製銅。

銅的電解精煉

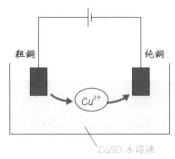

粗銅   純銅

Cu^{2+}

CuSO₄水溶液

如果像上面一樣，以粗銅做成陽極板，純銅做成陰極板，再搭配硫酸銅（Ⅱ）（$CuSO_4$）水溶液進行電解的話，陽極與陰極就會產生下述反應：

陽極：$Cu \rightarrow Cu^{2+} + 2e^-$

陰極：$Cu^{2+} + 2e^- \rightarrow Cu$

使粗銅減少，純銅增加。

📖 粗銅所含的雜質蹤跡

對著黃銅礦（$CuFeS_2$）邊灌入空氣邊加熱，就能取得單質的銅 Cu。

這個階段的 Cu 名叫**粗銅**，含有大量雜質。我們能透過電解精煉，將粗銅變成不

含雜質的純銅。不過，裡頭的雜質會跑去哪裡呢？這時必須將金屬分成離子化傾向比銅小以及比銅大兩部分來探討。

● 離子化傾向比 Cu 小的金屬（Au、Ag 等）

　　如果是離子化傾向比 Cu 小的金屬，會直接在陽極附近沉澱，不會離子化（此沉澱又稱作陽極泥）。

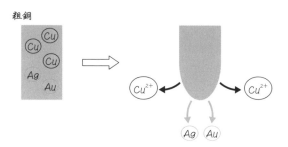

● 離子化傾向比 Cu 大的金屬（Fe、Ni 等）

　　這類金屬會離子化，接著溶至溶液中，但因為離子化傾向比 Cu 大的緣故，會直接殘留於溶液，無法還原。

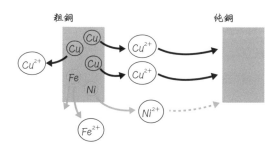

　　如果是金屬 Pb，一旦變成 Pb 就會立刻與溶液中的硫酸離子 SO_4^{2-} 結合並沉澱。

［Business］ 電線材料

　　銅是電線的材料，可以說是遍布世界各地。會選用銅，是因為這種金屬容易導電，製造成本相對低廉。銅還能與各種金屬混合成合金，運用範圍廣泛（參照05）。

有毒氣體之運用

我們也必須對有毒氣體有所了解。這裡就以用來消毒泳池的氯為例，因為氯有毒，所以絕對禁止使用過量。在一次大戰期間，德軍曾對法軍釋放氯氣，造成多達5,000人死亡。

另外，臭氧也有毒。臭氧雖然集結在高空數十公里的平流層，但其實影印機放電時也會產生臭氧。臭氧能夠殺菌，因此也會作為空氣清淨用途。

有機會成為未來能源的甲烷水合物

甲烷水合物有著由水分子構成的晶籠結構，裡頭包覆著甲烷分子，是一種固態物質。外表看起來很像冰塊或乾冰，但點火會使甲烷燃燒，最後剩下水。另也可單獨取出甲烷加以運用。

甲烷的碳含量比其他碳氫化合物少，燃燒時會排出的二氧化碳也比較少，因此普遍認為對暖化的影響相對較低。

甲烷水合物會在低溫高壓的條件下生成，因此大量存在於海洋洋底和極地永凍土。日本近海的海底也蘊藏著豐富的甲烷水合物，所以有機會成為未來能源。

化學篇
有機化學

有機化合物原本是指構成生物形體的物質。現在則包含了人工生成的物質，因此將有機化合物定義成**含碳的化合物**。本章會整理出這些物質加以複習。

各位要注意，有機化學的還是會以Chapter 05提到的化學理論為基礎，如果沒有搞懂其中內容，那麼進入有機化學的範圍後，仍無法避免大量死背學習。

既然有機化合物是以碳為核心構成之物質，就表示燃燒後，空氣中的氧氣會與碳結合，產生二氧化碳，這個情況也與現在的地球暖化有關。

地球暖化的元凶，是因為人類消耗大量化石燃料，導致空氣中二氧化碳增加，這已是不爭的事實。

這裡將煤炭、石油、天然氣統稱作化石燃料，為什麼這些都算是「化石」呢？

因為，這些燃料都是來自過去曾經活著的生物。植物及動物的遺骸埋入地底，在積年累月的變性後，會形成煤礦、石油等物質，所以才被稱為「化石」。

再者，構成動植物形體的就是有機化合物，而這些物質都是以碳為核心元素，物質經消耗（燃燒）後，會排出二氧化碳也是理所當然。

想了解有機化合物，要先從**分類**開始。有機化合物的種類繁多，想要彙整並掌握如此多種類的物質，就必須先行分類。本章一開始就會先說明分類。當後半段出現大量物質，變得有點混亂時，再試著回到分類章節，會發現其實很多內容會變得清晰好懂喲。

若要作為文化知識學習

你我的身體是由有機化合物構成，學會什麼是有機化合物，就能理解生命的本質。

對於工作上需要的人而言

醫藥品、染劑、纖維、塑膠等，以有機化合物合成製造而來的東西多到不勝枚舉。想搞懂合成化學，就必須學會有機化合物。

對考生而言

有機化學是大考配分非常高的範圍，出題方式多半會與理論化學相結合，所以無法光靠死背得分。如果對理論化學沒什麼把握，請務必加強學習。

除此之外，考生還是要具備相關知識，因為缺乏知識的話將會無法思考。理解知識與理論就好比車子的雙輪，必須兩者並重，才能繼續學習。以順序來說，建議先掌握理論再學習有機化學的效果較優。

01 有機化合物的分類與分析

這裡要開始解說以碳為主體的化合物「有機化合物」。有機化合物也是構成生命的物質。

Point

有機化合物的核心為碳氫化合物（簡稱為烴）

有機化合物的主要構成物為 C、H、O、N 等原子。這裡就先彙整出當中成分最簡單，只有 C 和 H 的「碳氫化合物」重點。

環狀結構與鏈狀結構

● 環狀結構：原子反覆結合形成環狀（繞行一圈回到原點）。

● 鏈狀結構：原子呈現（非環狀的）開放式形狀。

碳氫化合物的分類（芳香族除外）

鏈狀
- 烷烴：以單鍵方式結合
- 烯烴：只帶有 1 個雙鍵結構
- 炔烴：只帶有 1 個參鍵結構

環式
- 環烷烴：環狀結構的烷烴
- 環烯烴：環狀結構的烯烴

一般化學式（＝碳原子數為 n 的化學式）

鏈狀烴
- 烷烴：C_nH_{2n+2}
- 烯烴：C_nH_{2n}
- 炔烴：C_nH_{2n-2}

環狀烴
- 環烷烴：C_nH_{2n}
- 環烯烴：C_nH_{2n-2}

📖 要理解碳氫化合物的化學式，切勿死背

　　針對出現在Point的各種碳氫化合物，接著要和各位說明一下，為何它們的化學式會像上頁提到的那樣。先從**鏈狀**（非環狀）開始。

　　當鏈狀烴從只能以單鍵方式結合的烷烴，轉變成帶有1個雙鍵結構的烯烴，以及有1個參鍵結構的炔烴時，其過程說明如下。

● **烷烴**

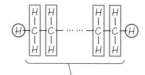

　　這個部分H的數量是C的2倍⇒還有兩邊的H，所以要「＋2」… $C_nH_{\cdots}$

形成1個雙鍵結構時，H會少2個

● **烯烴**

H少2個 … $C_nH_{2n+2-2} = C_nH_{\cdots}$

當雙鍵結構變成參鍵結構時，H會再少2個

● **炔烴**

會再少2個 … C_nH_{2n-2}

　　如果是帶有環狀結構的碳氫化合物會變怎樣呢？接著就分成烷烴和烯烴來探討。

烷烴

C_nH_{2n+2}

變成環狀結構時，H會少2個

環烷烴

少掉兩邊的H … $C_nH_{2n+2-2}＝C_nH_{2n}$

烯烴

C_nH_{2n}

變成環狀結構時，H會少2個

環烯烴

少掉兩邊的H … C_nH_{2n-2}

會稱作鏈狀，是因為碳原子結合時會有末端構造，使形狀看起來就像條鎖鏈，所以稱為鏈狀結構。

　　如果是碳原子結合很緊密的部分，就一定會與氫原子結合，不會有落單的情況發生，這個部分就稱為末端。鏈狀化合物至少會有2個末端。

　　反觀，也有一種化合物的碳原子結合會呈現循環狀態，不帶有末端。這種構造稱作環狀，感覺就像是山手線。

　　分別從鏈狀化合物的2個末端拿走氫原子的話，就會出現2個落單的碳原子，這時2個碳原子會相接形成環狀。

● **鏈狀示意圖**

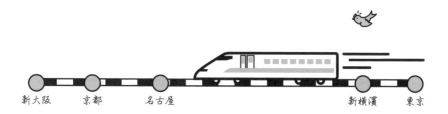

新大阪　　京都　　　名古屋　　　　　　　　　　　新橫濱　東京

●**環狀示意圖**

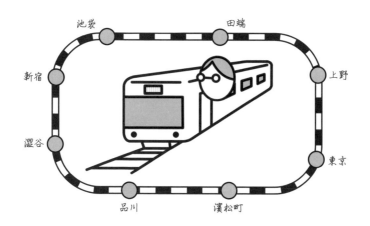

池袋　　　　　　　田端

新宿　　　　　　　　　　　上野

澀谷

東京

品川　　　濱松町

02 脂肪族碳氫化合物

本節會說明不含環狀結構的鏈狀碳氫化合物（＝脂肪族碳氫化合物），這更是構成有機化合物的基礎。

 Point

碳氫化合物的命名法

碳氫化合物的命名方式如下。

> 烷烴名稱

代表數字的用詞（前綴詞）	
1	mono-
2	di-
3	tri-
4	tetra-
5	penta-
6	hexa-
7	hepta-
8	octa-
9	ennea-
10	deca-

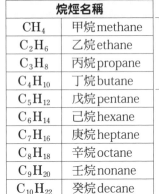

烷烴名稱		
CH_4	甲烷 methane	這4個是使用慣用名
C_2H_6	乙烷 ethane	
C_3H_8	丙烷 propane	
C_4H_{10}	丁烷 butane	
C_5H_{12}	戊烷 pentane	
C_6H_{14}	己烷 hexane	
C_7H_{16}	庚烷 heptane	
C_8H_{18}	辛烷 octane	
C_9H_{20}	壬烷 nonane	
$C_{10}H_{22}$	癸烷 decane	

> 烯烴名稱

基本上就是把烷烴的詞尾改成「ene」，但還是會有慣用名。

烷烴名稱	
CH_4	甲烷
C_2H_6	乙烷
C_3H_8	丙烷
C_4H_{10}	丁烷
C_5H_{12}	戊烷

烯烴名稱	
（無）	
C_2H_4	乙烯（ethene、ethylene）
C_3H_6	丙烯（propene、propylene）
C_4H_8	丁烯（butene、butylene）
C_5H_{10}	戊烯（pentene）

碳氫化合物的性質差異

以下先彙整出烷烴的沸點與熔點。

CH_4	甲烷
C_2H_6	乙烷
C_3H_8	丙烷
C_4H_{10}	丁烷
C_5H_{12}	戊烷
C_6H_{14}	己烷
C_7H_{16}	庚烷
C_8H_{18}	辛烷
C_9H_{20}	壬烷
$C_{10}H_{22}$	癸烷

↑ 常溫下為氣體

↓ 常溫下為液體

分子量 (大) ⇒ 分子間作用力 (大) ⇒ 沸點、熔點 (高)

分子量 (大) ⇒ 分子間作用力 (大) ⇒ 沸點、熔點 (高)

脂肪族碳氫化合物會產生各種反應,請各位先掌握以下兩個重點:

● **只有單鍵的烷烴會產生取代反應,不會有加成反應**

● **帶雙鍵結構、參鍵結構的烯烴會產生加成反應**

如此將會更容易理解反應機制。

● **烷烴的化學反應**

因為只有單鍵,無法再追加(加成)原子

產生氫原子H換成(被取代)其他原子的反應

● **烯烴的化學反應**

雙鍵的其中一鍵容易截斷

這裡會再追加原子

261

03 醇類與醚類

接著繼續彙整含氧的脂肪族化合物。首先來看看醇類及醚類，醇類更是常見於生活周遭的物質。

 Point

醇類與醚類是同分異構物

醇類與醚類有著相同的分子式，但結構式卻不相同，這種關係就稱為**同分異構物**。

同分異構物範例

分子式皆為 C_2H_6O

即便分子式相同，但由於性質不同，所以稱作異構物。

醇類與醚類的性質差異如下。

醇類與醚類性質比較

醇類性質	兩者 相比較	醚類性質
沸點高 易溶於水	⟷	沸點低 不易溶於水
與 Na 反應會產生 H_2		不會與 Na 起反應

醇類與醚類的性質

醇類化合物具備下述性質：

● 呈中性

● 會與鈉（Na）反應產生氫（H_2）

> 以甲醇（$CH_3 - OH$）為例：$2CH_3 - OH + 2Na \rightarrow 2CH_3 - ONa + H_2$

● C原子愈少的醇類愈易溶於水

● 甲醇具毒性，但乙醇不具毒性

乙醇是我們最熟悉的醇類化合物，無論是酒裡所含的酒精，還是消毒用酒精，說的都是乙醇。乙醇有個特徵，那就是**會隨著溫度出現不同程度的脫水反應**。低溫時，脫水反應較弱，每2個乙醇分子只會少掉1個水分子。不過，高溫狀態下的脫水反應也會變劇烈，因此每個乙醇分子都會少掉1個水分子。

● **130～140℃時的反應：分子間脫水**

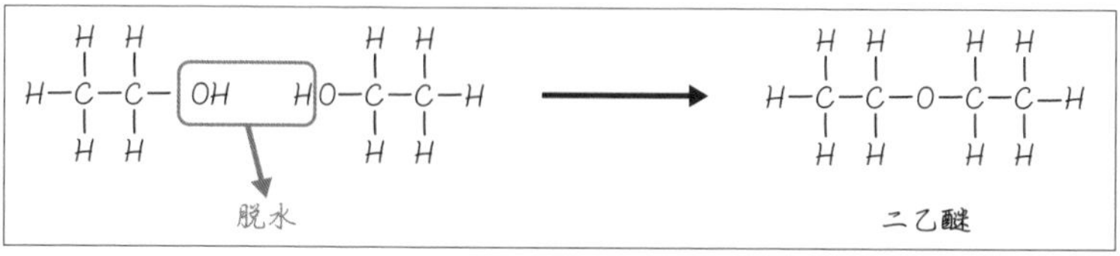

● **160～170℃時的反應：分子內脫水**

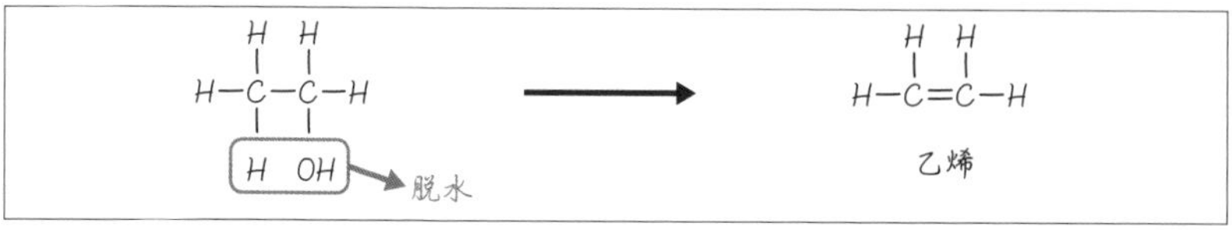

二乙醚為日常中常見的醚類，具有麻醉作用，也是易燃的液體。

04 醛類與酮類

醇類其實有可能變化成醛類或酮類，這些物質的特性也很重要。

👉 Point

醇類氧化會產生醛類或酮類

醇類可分成下面幾個種類。

分　類	結構式
一級醇	$R-\overset{\displaystyle H}{\underset{\displaystyle H}{\overset{\displaystyle \mid}{\underset{\displaystyle \mid}{C}}}}-OH$ （R一也可以是H一）
二級醇	$R-\overset{\displaystyle R'}{\underset{\displaystyle H}{\overset{\displaystyle \mid}{\underset{\displaystyle \mid}{C}}}}-OH$
三級醇	$R-\overset{\displaystyle R'}{\underset{\displaystyle R''}{\overset{\displaystyle \mid}{\underset{\displaystyle \mid}{C}}}}-OH$

當這些醇類氧化，會出現以下變化。

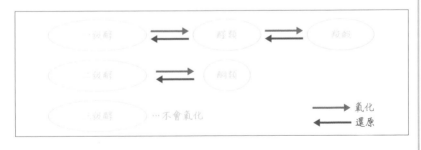

醛類化合物會產生下面兩種反應，這是因為醛類具備**還原性**。

● 斐林試劑反應

將醛類加入斐林試劑（藍色）並加熱，溶液會變紅色。

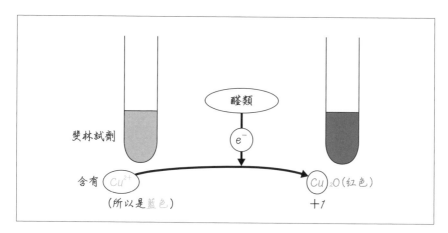

● 銀鏡反應

將醛類加入含氨硝酸銀溶液並加熱，將會生成金屬銀。

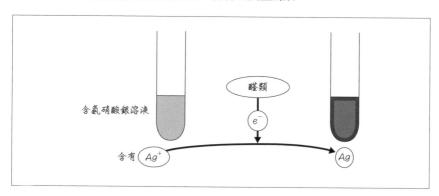

05 羧酸

醛類氧化會進一步形成羧酸，並具備下述性質。

Point

醛類氧化會產生羧酸

當醛類氧化，會進一步形成羧酸，但這時分子的含碳數C將維持不變，所以能藉此判斷怎樣的醛類會氧化成怎樣的羧酸。

● 醛類→羧酸之範例

含碳數	醛類
1	甲醛 HCHO
2	乙醛 CH_3CHO
3	丙醛 C_2H_5CHO

 氧化後

羧酸
甲酸 H-COOH
醋酸 CH_3-COOH
丙酸 C_2H_5-COOH

羧酸的性質

羧酸的酸性強弱會**依種類有所差異**，分類方式則有下面幾種。

● **羧酸分類①**

依含碳數C分類。

低級脂肪酸（含碳數少）　⟷　高級脂肪酸（含碳數多）
易溶於水　　　　　　　　　　不易溶於水
強酸性　　　　　　　　　　　弱酸性

● 羧酸分類②

羧酸還可依碳氫鍵分成幾個種類。

另外，下面兩種羧酸都具有還原性。

● 具有還原性的羧酸

這兩種羧酸皆具備還原性，因此會產生斐林試劑反應與銀鏡反應。

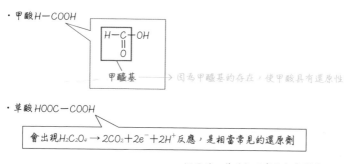

※甲酸、草酸起反應後都會變成CO_2

Business　醋酸的用途廣泛

　醋酸是存在於食用醋中的成分，約占3～5％，也是醫藥品及染劑的原料。醋酸去除水分子後則會變成無水醋酸。無水醋酸是醋酸纖維及醫藥品會用到的原料。

06 酯類

羧酸與醇類起反應後，會產生酯類。酯類同樣具備某些特性。

Point

✋ 酯化反應就是脫水反應

羧酸和醇類會產生下述反應。

酯化反應

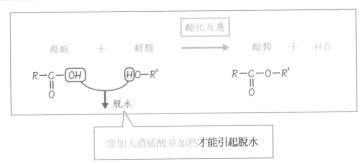

濃硫酸具有脫水作用，能從羧酸和醇類間取走水分子，促使彼此結合。

這種藉由脫水形成結合的反應稱為**脫水縮合**（Dehydration Condensation）。

 酯類的性質

　　將大量水分加入酯類並予以靜置的話，會使羧酸和醇類分解，這個過程又稱為**水解**，我們可將水解視為酯化的可逆反應。

水解

羧酸　＋　醇類　◀───　酯類　＋　H_2O

$$R-C-\boxed{OH} \quad \boxed{H}O-R' \qquad\qquad R-C-O-R'$$
$$\|\qquad\qquad\qquad\qquad\qquad\qquad\qquad\|$$
$$O\qquad\qquad\qquad\qquad\qquad\qquad\qquad O$$

加水

接著，酯類還會與氫氧化鈉（NaOH）產生下述反應，名叫**皂化**。

皂化

酯類　＋　NaOH　───▶　羧酸鈉　＋　醇類

$$R-C-O-\boxed{R' \quad HO}-Na \qquad\qquad R-C-O-Na \qquad\qquad R'-OH$$
$$\|\qquad\qquad\qquad\qquad\qquad\qquad\qquad\|$$
$$O\qquad\qquad\qquad\qquad\qquad\qquad\qquad O$$

酯類的名稱可以從反應物質的羧酸和醇類導出。

（例）CH_3COOH　＋　C_2H_5OH　→　$CH_3COOC_2H_5$　＋　H_2O
醋酸　　　　　　乙醇　　　　　乙酸乙酯

Business 酯類可見於飲料或糕點香料中

　　酯類物質的沸點低、揮發性高，且帶有特殊氣味。也因為這項特性，讓酯類常見於飲料及糕點的香料中。

　　其實，酯類同為天然食物中會出現的氣味成分，例如乙酸乙酯可見於香蕉、鳳梨、草莓等水果中。

07 油脂與肥皂

酯類的皂化是能應用在肥皂製造的反應，想不到油脂和肥皂也會有關係呢。

 Point

酯化能產出油脂

油脂是透過酯化製成，不過，製程中的羧酸必須使用「高級脂肪酸」，醇類則須選用「甘油」。

油脂製法（酯化）

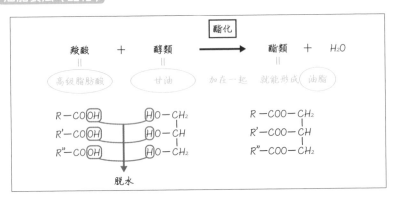

脂肪與脂肪油

油脂可分成常溫下為固體的**脂肪**以及液體的**脂肪油**，至於是脂肪，還是脂肪油，會取決於內含的飽和脂肪酸多，還是不飽和脂肪酸比較多。

脂肪（常溫為固體）　＝　飽和脂肪酸含量多

脂肪油（常溫為液體）　＝　不飽和脂肪酸含量多

加成氫 H_2 之後，飽和脂肪酸的含量就會多，所以在常溫下會變成固體油脂。
‖
硬化油

📖 肥皂是以油脂為原料製成

肥皂能去除油污，所以各位可能會以為，肥皂的原料和油脂無關。不過，肥皂其實就是用**油脂**製成的。

將油脂透過下述方式皂化，便能得到肥皂。

● **肥皂的去油污作用**

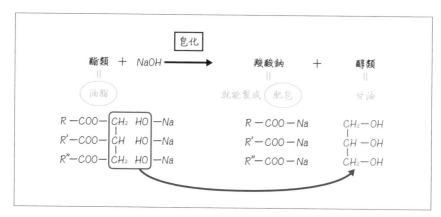

能去除油垢的肥皂竟然就是用油製成，真是讓人覺得意外呢。

⌨️Business 肥皂的去油污作用

肥皂的去油污作用對於物品清洗相當重要，而這個作用來自**肥皂的乳化作用**。

● **肥皂的去污原理**

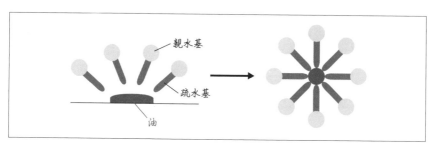

08 芳香族碳氫化合物

不同於前面提到的脂肪族碳氫化合物，帶有苯環結構的物質會稱作
芳香族碳氫化合物，這些物質也相當常見於你我生活中。

Point

芳香族碳氫化合物所含的苯環

苯環結構與其具備的性質如下。

苯的結構

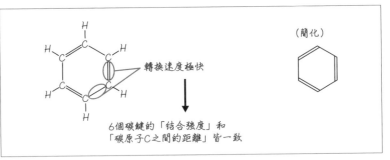

（簡化）

轉換速度極快

6個碳鍵的「結合強度」和
「碳原子C之間的距離」皆一致

苯環結構中，碳會呈現出介於「單鍵」和「雙鍵」間的結合形態。

結合強度：參鍵＞雙鍵＞苯環結構＞單鍵

強烈的碳鍵結構會使距離縮短，所以⋯⋯

碳原子C的間距：參鍵＜雙鍵＜苯環結構＜單鍵

苯的性質

- 比水輕，不溶於水

- 易燃

- 易溶於有機化合物

📖 苯所引起的反應

　　苯環裡的碳原子C結合狀態其實很穩定，所以苯是不容易出現加成反應的物質（要產生加成反應，就必須使部分碳鍵斷裂）。

　　即便碳原子結合沒有變化，卻還是能產生取代反應。而苯就是會出現下述取代反應的物質。

● 鹵化

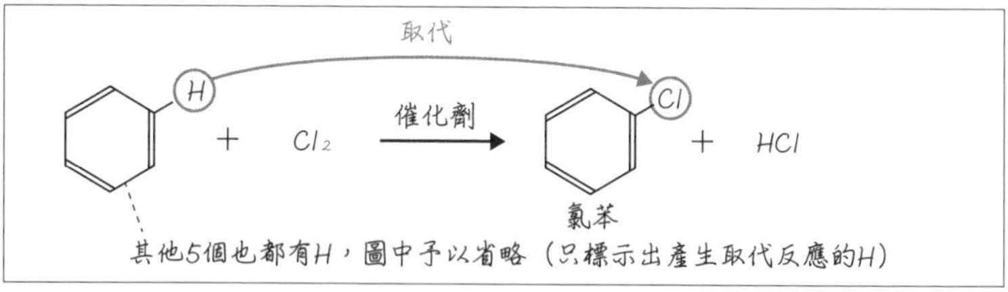

取代

$+ \; Cl_2 \;$ 催化劑 $\longrightarrow$ $+ \; HCl$

氯苯

其他5個也都有H，圖中予以省略（只標示出產生取代反應的H）

● 硝化

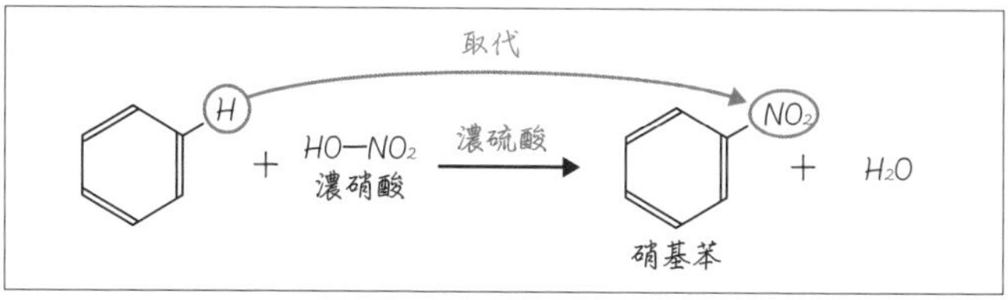

取代

$+ \; HO{-}NO_2 \;$ 濃硫酸 $\longrightarrow$ $+ \; H_2O$
濃硝酸

硝基苯

● 磺化

取代

$+ \; HO{-}SO_3H \longrightarrow$ $+ \; H_2O$
濃硫酸

苯磺酸

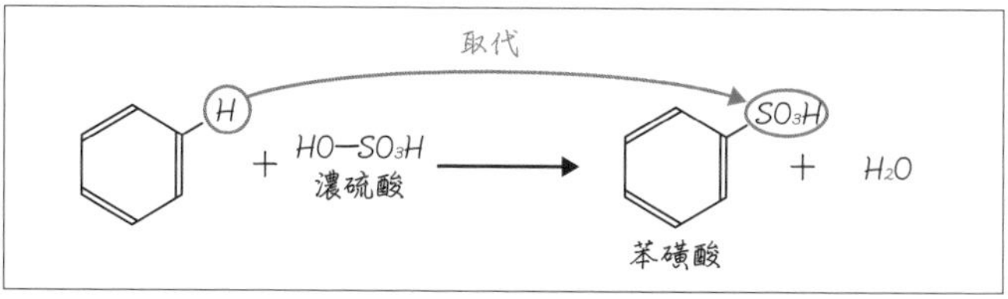

　　苯環雖然不易出現加成反應，但還是能利用催化劑使氫作用，或是添加氯並照射紫外線等方式，來引起加成反應。

酚類

酚類也是以苯環為基礎結構。當苯環的氫原子 **H** 被取代時，就能生成酚類物質。

 Point

酚類的性質

酚類是指苯環中的氫原子被取代為 −OH 的物質。

酚類物質的結構

OH
CH₃

鄰甲酚（o-Cresol）

OH

CH₃

間甲酚（m-Cresol）

OH

CH₃

對甲酚（p-Cresol）

OH

1-萘酚（1-Naphthol）

OH

2-萘酚（2-Naphthol）

酚類具備下述性質：

● 弱酸性

● 添加氯化鐵（Ⅲ）（$FeCl_3$）會變紫色

● 添加鈉（Na）會產生氫（H_2）

酚類所引起的反應

前面已經提到一些帶有 −OH（或 OH^-）的物質。這些物質在酸性、中性、鹼性的區分上很容易混淆，在此特別彙整說明。

氫氧化物（NaOH等）　　　　　　　：鹼性

醇類（CH₃OH等）　　　　　　　　：中性

酚類（ 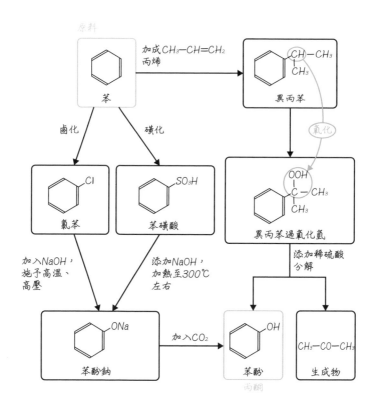 等）　　　　　　：（弱）酸性

由此可知，弱酸性的酚類物質會和鹼形成下述反應。

酚類物質中最單純的苯酚，可透過下面三種方法製成。

文化知識 ★★★　實用 ★★★★　考試 ★★★★★

10 芳香羧酸（1）

芳香羧酸和酚類同樣是以苯環為結構基礎。苯環中的氫原子也會被取代，但取代的對象物與酚類不同。

Point

芳香羧酸的性質

芳香羧酸是指苯環中的氫原子被取代為－COOH的物質，較常見的物質如下。

芳香羧酸的結構

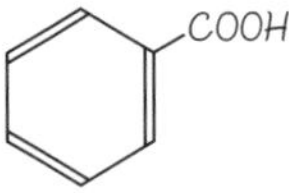

安息香酸

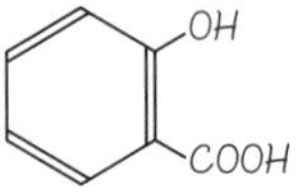

水楊酸

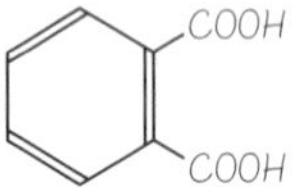

苯二甲酸

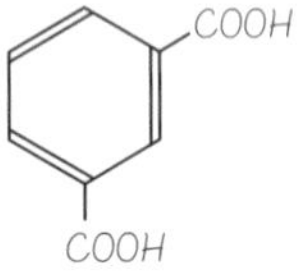

間苯二甲酸

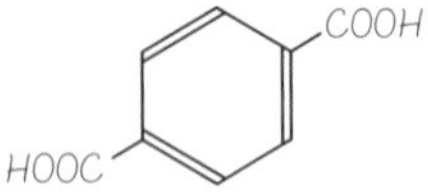

對苯二甲酸

芳香羧酸具酸性，但酸性不強，相當於醋酸這類脂肪族羧酸。

酸性強度比較

世界上有非常多物質都帶有酸性，這些物質的酸性強度會有怎樣的差異？

把高中化學教過的內容彙整後如下。

● 酸性強度比較

芳香羧酸可以分別用下述方法製成。請各位先記住，當－CH_3**氧化後就會變成** －**COOH**，這將有助後續理解。

● 安息香酸（苯甲酸）製法

製作方法為使甲苯氧化。

或是使苯甲醇氧化。

● 水楊酸製法

讓苯酚鈉在高溫、高壓下與二氧化碳產生作用。

277

●苯二甲酸、間苯二甲酸、對苯二甲酸製法

製作方法為使二甲苯氧化。

● 鄰苯二甲酸酐（Phthalic Anhydride）製法

讓萘在有著五氧化二釩（V_2O_5）（＝催化劑）的環境下空氣氧化。

萘　　　　　　　　　　　　鄰苯二甲酸酐

想要搞懂這些反應，就必須掌握**當 CH_3（甲基）氧化就會變成－COOH（羧基）**這個重點。因為氧化反應過程中會失去「H」，使得「O」相連。

Business　有助食物保存的物質

安息香酸是食物保存時會用到的物質，同時也是染劑、醫藥品、香料的原料，極為重要。

苯二甲酸變成鄰苯二甲酸酐後，則能作為合成樹脂、染劑、醫藥品的原料。

另外，對苯二甲酸和水楊酸也是非常重要的芳香羧酸，會於下節繼續說明。

11 芳香羧酸（2）

本節會針對芳香羧酸中，對苯二甲酸、水楊酸的性質與用途彙整說明。兩者都是你我生活不可或缺的物質。

Point

對苯二甲酸的反應

對苯二甲酸會和乙二醇產生下述結合反應。

這時會產生**酯鍵**。而酯鍵不斷產生所構成的物質稱為**聚酯**，聚酯已是目前我們生活中不可或缺之物。

水楊酸是醫藥品之源

大量對苯二甲酸與乙二醇交互反應，使酯鍵不斷產生的話，就會生成**聚對苯二甲酸乙二酯**（polyethylene terephthalate）。

英文的「poly」是指「多、複數」的意思。名叫「poly○○」的物質其實很多，但全都是指「由大量○○結合而成之物」。

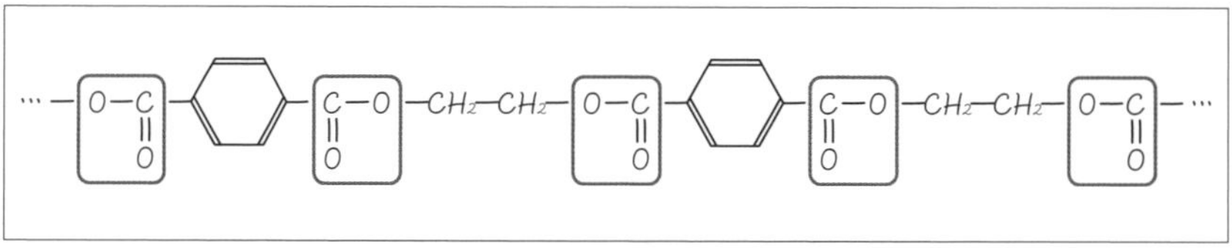

聚對苯二甲酸乙二酯是一種聚酯，也是PET（Poly Ethylene Terephthalate）寶特瓶的原料。

接著來說說水楊酸的性質。由於水楊酸同時擁有羧基－COOH和羥基（氫氧基）－OH，所以兼具羧酸及酚類的特性表現。

水楊酸的－COOH與－OH，會分別和帶有－OH的醇類，以及帶有－COOH的羧酸起反應。

●水楊酸會有的兩種反應

與醇類起反應：酯化

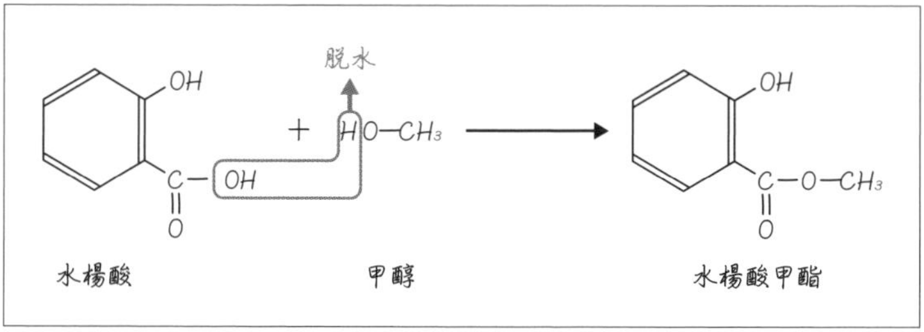

水楊酸　＋　甲醇　→　水楊酸甲酯

與羧酸起反應：乙醯化

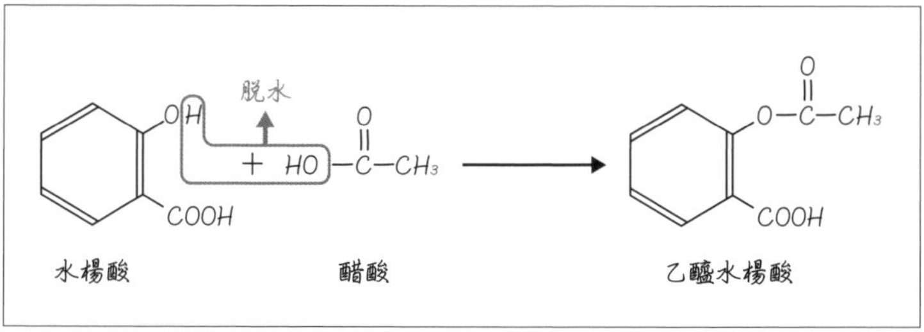

水楊酸　＋　醋酸　→　乙醯水楊酸

12 有機化合物的分離

本節要來解說如何將有機化合物的混合物一個個分離出來。

> **Point**
> ### ☝ 有機化合物會溶解於醚層，鹽則會溶解於水層

要分離有機化合物，必需搭配使用分液漏斗，並透過下述方式分離出醚層和水層。

芳香族化合物分離法

當分液漏斗中混合了醚層（醚類溶液）和水層（水溶液）時，就會像右圖一樣分離出兩層，同時醚層在上，水層在下（醚類和油類算是同屬性，所以比水輕）。

接著加入芳香族化合物的混合物，會發現所有的芳香族化合物都會溶於醚層（芳香族化合物和油屬同類，所以會溶於醚類溶液。其實不只芳香族化合物，基本上所有的有機化合物都是油的同類，所以易溶於醚，不易溶於水）。

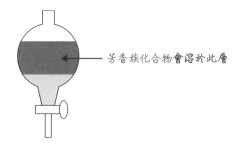

← 芳香族化合物會溶於此層

不過，當芳香族化合物產生中和反應，變成鹽的時候，就會在水中解離並溶入水層，且變得不易溶於醚層。

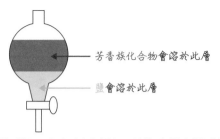

芳香族化合物會溶於此層

鹽會溶於此層

這時，只要打開活栓，取出水層溶液，就能分離出變成鹽的部分。我們便能用此方法分離芳香化合物。

📖 有機化合物分離操作的具體範例

假設這裡有混合了苯胺、安息香酸、苯酚、硝基苯的物質，接著讓我們來思考一下，如何從溶有這些物質的醚類混合物溶液中，將其一一分離出來。

首先，要加入鹽酸。這時只有鹼性的苯胺會起反應變成鹽，而且這些鹽會溶於水層。

接著，在醚層加入碳酸氫鈉水溶液。二氧化碳游離釋出的同時，比二氧化碳酸性更強的安息香酸就會變成鹽，而這些鹽也會移動至水層。

繼續下個步驟，在醚層加入氫氧化鈉水溶液。剩下的兩種物質中，只有帶酸性的苯酚會起反應，這時苯酚也會變成鹽，溶入水層中。

無論上述哪個步驟，硝基苯都不會起反應，所以會繼續留在醚層。

只要掌握水層和醚層會分離這個觀念，其實就很容易理解有機化合物的分離。

13 含氮的芳香族化合物

芳香族中，有些物質其實具備氮原子，也因為氮原子的存在，使這些化合物帶有特殊反應。

Point

✌ 苯胺與硝基苯的性質

苯的 H 被胺基－NH_2取代後會變成苯胺，如果是被硝基－NO_2取代，則會變硝基苯。

苯胺與硝基苯看似很像，卻擁有迥異特性。兩者的性質比較彙整如下。

苯胺與硝基苯的性質

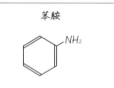

苯胺

- 弱鹼性
- 加入漂白粉會變紫色
- 與二鉻酸鉀反應氧化後，會生成黑色物質(苯胺黑)

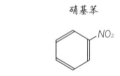

硝基苯

- 中性
- 帶有特殊臭味
- 淡黃色液體
- 密度比水大(沉於水)

📖 苯胺與硝基苯的關係

苯胺與硝基苯之間存在著**硝基苯還原後，能得到苯胺**的關係。這也是製造苯胺的重要方法。

● 苯胺製法（硝基苯還原）

添加錫（或是鐵）與鹽酸並加熱。

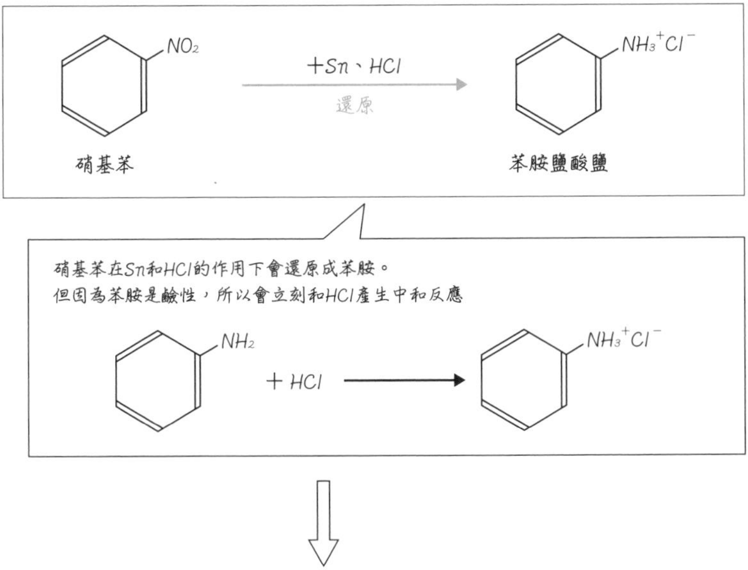

NO2
+Sn、HCl
還原
NH3+Cl−
硝基苯
苯胺鹽酸鹽
硝基苯在Sn和HCl的作用下會還原成苯胺。
但因為苯胺是鹼性，所以會立刻和HCl產生中和反應
NH2
+ HCl
NH3+Cl−

這時須添加強鹼性的NaOH，讓弱鹼性的苯胺游離釋出

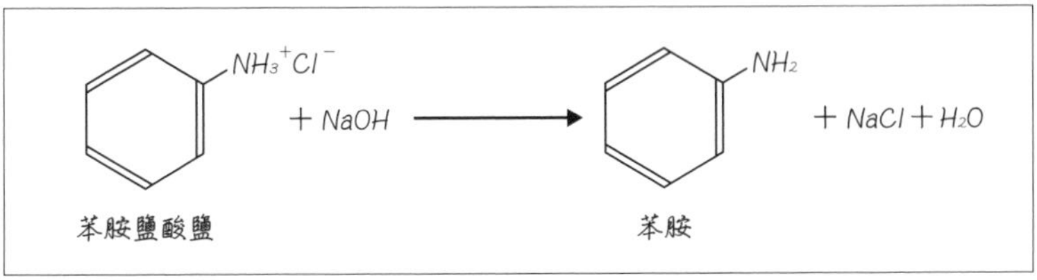

NH3+Cl−
+ NaOH
NH2
+ NaCl + H2O
苯胺鹽酸鹽
苯胺

有機化合物（油的同類）基本上都不易溶於水，所以苯胺也是難溶於水的物質。

如果要萃取出苯胺，就必須先把物質變成**苯胺鹽酸鹽**。如此一來才能在水中解離，變得易溶於水。

接著，在苯胺鹽酸鹽水溶液加入 NaOH，便能生成油狀的苯胺。既然是油，當然就會浮在水上。

最後只要再加入醚類，便能取得苯胺（與油同屬性的苯胺可溶於醚類溶液，最後再加以萃取即可）。

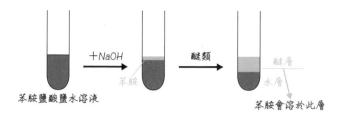

苯胺鹽酸鹽水溶液　　　　苯胺　　　　　　　　　　　醚層
水層
苯胺會溶於此層

苯胺另一個重要反應是**合成偶氮染劑**，會經歷**重氮化**和**重氮耦合**兩個過程。

● **合成偶氮染劑**

重氮化：在低溫環境下將亞硝酸鈉（NaNO₂）和鹽酸（HCl）加入苯胺

（化學結構式）＋NaNO₂＋2HCl ⟶ 氯化重氮苯 ＋NaCl＋2H₂O

苯胺　　　　　　　　　　　　　　　　　氯化重氮苯

帶有 R−N⁺≡NX⁻（R：碳氫鍵　X⁻：一價陰離子）結構的物質稱作重氮鹽，
取得重氮鹽的反應則叫重氮化

⇩

重氮耦合：讓氯化重氮苯與苯酚鈉起反應

（化學結構式）＋（化學結構式）⟶ 偶氮基 N=N 對羥偶氮苯−OH＋NaCl

苯酚鈉　　　　　　　　　　　　對羥偶氮苯

※因為是兩個苯環相結合的反應，所以稱之為耦合（coupling）

　　含有偶氮基（−N＝N−）的化合物皆稱作**偶氮化合物**。偶氮基能顯色，所以偶
氮化合物常見於染劑（偶氮染劑）和顏料（偶氮顏料）中。上面提到的對羥偶氮苯
（p-Hydroxyazobenzene）就是一種紅橙色的染劑。

索引

作者簡介

沢信行

出生於日本長野縣。東京大學教養學系基礎科學科畢業。

任教於長野縣的國高中，負責以物理為主的理科科目教授。

裝幀・本文設計	吉村 朋子
封面・本文插圖	大野 文彰

物理・化学大百科事典

(Butsuri・Kagaku Daihyakajiten: 6482-3)

© 2021 Nobuyuki Sawa

Original Japanese edition published by SHOEISHA Co..Ltd.

Traditional Chinese Character translation rights arranged with SHOEISHA Co.,Ltd.

through CREEK & RIVER Co. Ltd.

Traditional Chinese Character translation copyright © MAPLE LEAVES PUBLISHNG CO., LTD.

物理、化學關鍵字典

出　　　版／楓葉社文化事業有限公司

地　　　址／新北市板橋區信義路163巷3號10樓

郵 政 劃 撥／19907596　楓書坊文化出版社

網　　　址／www.maplebook.com.tw

電　　　話／02-2957-6096

傳　　　真／02-2957-6435

作　　　者／沢信行

翻　　　譯／蔡婷朱

責 任 編 輯／江婉瑄

內 文 排 版／楊亞容

港 澳 經 銷／泛華發行代理有限公司

定　　　價／480元

二 版 日 期／2023年12月

國家圖書館出版品預行編目資料

物理、化學關鍵字典 / 沢信行作；蔡婷
朱譯. -- 初版. -- 新北市：楓葉社文化事
業有限公司, 2023.01　面；　公分

ISBN 978-986-370-502-4（平裝）

1. 物理學　2. 化學

300　　　　　　　　　　111018577